SUR LA TRÉPANATION DU CRANE

ET

LES AMULETTES CRANIENNES

A L'ÉPOQUE NÉOLITHIQUE

PAR

M. PAUL BROCA

PARIS

ERNEST LEROUX, ÉDITEUR

LIBRAIRE DE LA SOCIÉTÉ ASIATIQUE DE PARIS, DE L'ÉCOLE DES LANGUES ORIENTALES VIVANTES
DES SOCIÉTÉS DE CALCUTTA
DE NEW-HAVEN (ÉTATS-UNIS), DE SHANGHAI (CHINE), ETC

28, RUE BONAPARTE, 28

1877

SUR LA TRÉPANATION DU CRANE

ET

LES AMULETTES CRANIENNES

A L'ÉPOQUE NÉOLITHIQUE

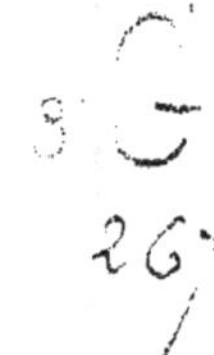

PARIS. — TYPOGRAPHIE A. HENNUYER, RUE D'ARCET, 7.

SUR LA TRÉPANATION DU CRANE

ET

LES AMULETTES CRANIENNES

A L'ÉPOQUE NÉOLITHIQUE

PAR

M. PAUL BROCA

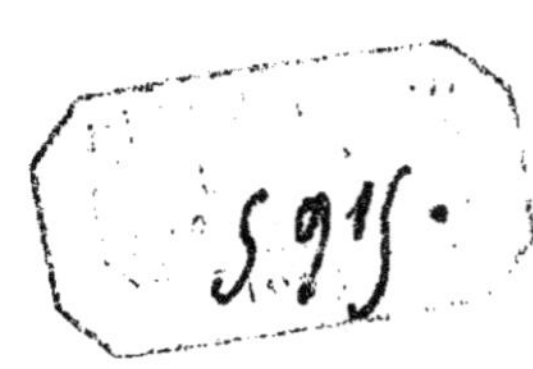

PARIS

ERNEST LEROUX, ÉDITEUR

LIBRAIRE DE LA SOCIÉTÉ ASIATIQUE DE PARIS, DE L'ÉCOLE DES LANGUES ORIENTALES VIVANTES
DES SOCIÉTÉS DE CALCUTTA
DE NEW-HAVEN (ÉTATS-UNIS), DE SHANGHAI (CHINE), ETC.
28, RUE BONAPARTE, 28

1877

SUR LA TRÉPANATION DU CRANE

ET

LES AMULETTES CRANIENNES

A L'ÉPOQUE NÉOLITHIQUE[1]

PAR M. PAUL BROCA.

L'époque néolithique, caractérisée à la fois par les silex polis, par l'absence des métaux, par les monuments mégalithiques et par l'emploi des animaux domestiques, a été reconstituée, avec un succès remarquable, par la science préhistorique. Nous possédons aujourd'hui des notions très-étendues, très-variées, et souvent très-complètes sur les populations de cette époque ; l'archéologie nous a fait connaître leur genre de vie, leurs sépultures, leurs armes, leurs ornements, leurs industries diverses, leurs habitations, leur alimentation ; et l'anthropologie, à son tour, nous a révélé les caractères de leurs crânes et de leurs ossements. Mais tout ce qui concerne leurs croyances, leurs superstitions, leurs conceptions métaphysiques reste encore dans l'ombre. L'étude des trépanations préhistoriques permettra, je l'espère, de jeter quelque jour sur ce côté de leur histoire.

J'aurai à parler de deux pratiques bien différentes, mais cependant liées étroitement l'une à l'autre par une croyance à la fois religieuse et médicale ; je dis *médicale*, sans craindre de fausser l'acceptation de ce mot, car on sait que chez tous les peuples la médecine, avant de reposer sur l'observation, tire son origine de la superstition.

(1) Ce Mémoire a été communiqué au Congrès international d'anthropologie et d'archéologie préhistoriques, 8e session, Budapest ; séance du 5 septembre 1876.

L'une de ces pratiques consistait à tailler, *après la mort*, dans le crâne humain, des pièces qui servaient d'amulettes et auxquelles on attribuait des propriétés particulières ; l'autre consistait à faire sur le crâne de l'individu *vivant* une perforation méthodique, une véritable opération, analogue à la trépanation que les chirurgiens pratiquent aujourd'hui dans un tout autre but et par un procédé tout différent. Le mot *trépanation*, d'après l'étymologie, implique l'aide d'un instrument tournant ; c'est qu'en effet, depuis la plus haute antiquité classique, cette opération se fait presque toujours à l'aide d'un instrument métallique, soumis à un mouvement de rotation ; mais, par extension, on a appelé trépanation toute opération qui consiste à pratiquer une ouverture dans le crâne. Je crois donc pouvoir me servir de ce mot pour désigner les deux opérations au moyen desquelles les hommes de l'époque néolithique produisaient des pertes de substance sur le crâne, soit pendant la vie, soit après la mort.

J'entre maintenant en matière, et je donnerai d'abord une idée sommaire des amulettes crâniennes et des crânes perforés ou trépanés, me réservant de les décrire plus amplement lorsque le moment sera venu.

§ 1. DES AMULETTES CRANIENNES.

La découverte des amulettes crâniennes appartient à M. le docteur Prunières, de Marvejols (Lozère). Le nom de ce savant est aujourd'hui connu de tous les anthropologistes archéologues. Depuis plus de quinze ans M. Prunières s'est voué à l'étude des dolmens de la Lozère, qui sont très-nombreux, et qui étaient presque inconnus avant lui. Il a pratiqué de ses propres mains, dans ces monuments mégalithiques, d'innombrables fouilles, et obtenu une très-belle collection, conservée en partie dans sa maison à Marvejols, en partie dans le musée de l'Institut anthropologique de Paris, qu'il a généreusement enrichi de plusieurs vitrines très-importantes.

Au mois d'août 1873, pendant la seconde session de l'Association française pour l'avancement des sciences, tenue à Lyon, M. Prunières présenta à la section d'anthropologie une pièce d'un genre tout à fait inconnu jusqu'alors. C'était une rondelle osseuse, de forme elliptique, longue de 50 millimètres, large de 38, taillée dans un pariétal humain, et occupant toute l'épaisseur

de l'os (voir fig. 1 et 2). Les deux faces de cette rondelle étaient
naturelles ; mais le bord, dans toute son étendue, était travaillé
avec soin : il était taillé en biseau aux dépens de la face externe,
et régulièrement arrondi par un procédé de polissage. La pièce
avait été trouvée dans l'intérieur d'un crâne, extrait de l'un des
dolmens de la Lozère, et sur lequel existait une ouverture latérale, grande comme la paume de la main. En enlevant, à travers
cette vaste ouverture, la terre qui remplissait le crâne, M. Pru-

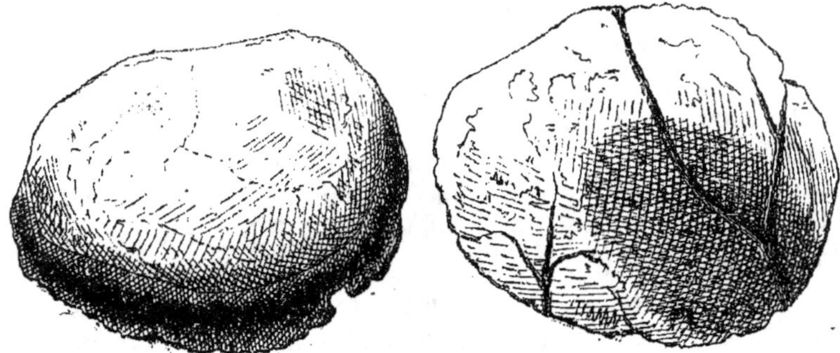

Fig. 1, 2. La rondelle de Lyon. Gr. nat.

nières vit s'échapper la rondelle. Celle-ci provenait d'un autre
crâne : sa couleur, son épaisseur et la densité de son tissu le
prouvaient suffisamment. Mais pourquoi et comment se trouvait-
elle là? M. Prunières posait la question sans la résoudre.

Avant de présenter cette pièce au congrès de Lyon, M. Prunières me l'avait envoyée à Paris; elle avait séjourné plusieurs
mois dans mon laboratoire ; je l'avais montrée aux personnes les
plus compétentes ; aucun de nous n'avait pu en découvrir la des-
tination. A Lyon, où se trouvaient réunis un grand nombre d'archéologues de province, tout le monde déclara n'avoir jamais rien vu
de semblable. Alors M. Prunières se décida à faire connaître
l'idée qu'il s'était faite de cette pièce : d'une part, la forme de la
rondelle ne se prêtait à aucun usage matériel; d'une autre part,
la perfection du travail montrait qu'on avait dû y attacher beaucoup d'importance, et M. Prunières pensait dès lors que ce devait être une amulette (1). Il se souvenait, d'ailleurs, d'avoir recueilli dans ses fouilles d'autres fragments crâniens, d'une forme

____

(1) *Association française pour l'avancement des sciences*, session de Lyon,
août 1873, p. 704.

toute différente, mais sur lesquels il avait reconnu l'existence de sections artificielles ; l'un, entre autres, portait, en deux points opposés de son contour, très-irrégulièrement trapézoïde, deux encoches assez profondes, unies par une gouttière superficielle, et paraissant destinées à recevoir un lien de suspension (fig. 3).

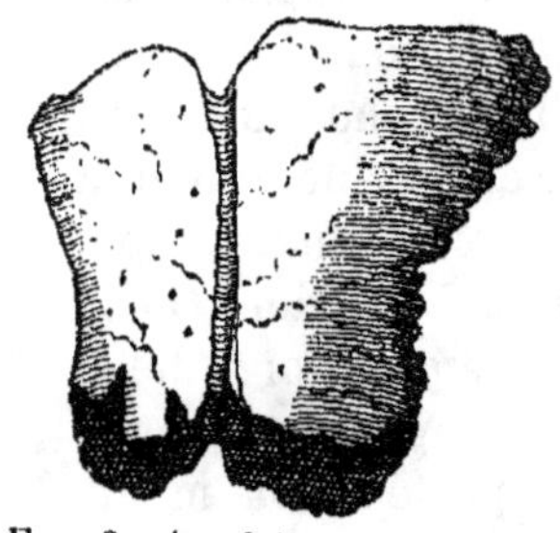

Fig. 3. Amulettes à encoches de suspension, provenant du dolmen dit *la Cave des fées* (Lozère). M. Prunières. Gr. nat.

Ce précieux fragment, qui n'avait pas été apporté à Lyon, fut envoyé, le 5 mars suivant, à la Société d'anthropologie. En le comparant avec la *rondelle* dite *de Lyon*, représentée sur les figures 1 et 2, on reconnaîtra qu'il a fallu une sagacité peu commune pour établir, entre deux pièces aussi dissemblables sous tous les rapports, un rapprochement que les faits ultérieurs ont pleinement justifié.

Les choses en étaient là, lorsque M. Joseph de Baye m'invita au mois de mars 1874 à aller visiter les grottes sépulcrales artificielles qu'il a découvertes dans la vallée du Petit-Morin, canton de Montmort (département de la Marne), et dont il a déjà entretenu le Congrès d'anthropologie et d'archéologie préhistoriques, en 1872, dans la session de Bruxelles (1). Le mobilier funéraire de ces grottes est exclusivement néolithique et cependant plusieurs d'entre elles sont précédées d'une anti-grotte où se trouve sculptée en bas-relief une figure représentant une divinité féminine. L'existence de semblables sculptures à l'époque néolithique était alors et est encore, je pense, un fait unique dans la science. Cette découverte importante et inattendue avait donc été accueillie, dans le Congrès de Bruxelles, avec un étonnement voisin de la méfiance, et M. de Baye, avant d'en saisir la Société d'anthropologie de Paris, désirait en faire constater la réalité, sur les lieux mêmes, par quelques-uns d'entre nous. Je fis le voyage avec MM. de Mortillet et Lagneau. Après avoir visité un certain nombre de grottes et reconnu la parfaite exactitude des faits, nous nous rendîmes au château de Baye, où les riches collections de crânes, d'ossements et d'objets de toute sorte, provenant des fouilles de notre collègue, forment un véritable musée. Dans l'une des vitrines se

____

(1) *Congrès international d'anthropologie et d'archéologie préhistoriques,* volume de Bruxelles, p. 393 et suiv. (6e session).

trouvait une pièce extraite de l'une des grottes sépulcrales, et dont l'usage, nous dit-on, n'avait pu être déterminé. C'était une rondelle osseuse, taillée dans un pariétal humain, et parfaitement semblable à celle de Lyon : la forme, la dimension, le travail, tout était pareil ou plutôt identique, si ce n'est que la rondelle de Baye était percée d'un trou de suspension, indiquant qu'elle avait été portée, et portée probablement autour du cou (1). On aurait donc pu se demander si cette dernière rondelle n'était pas une simple pièce d'ornement ; mais l'autre rondelle, qui était évidemment de même nature, n'était pas percée, et n'avait pu, par conséquent, être portée comme ornement. L'opinion émise à Lyon par M. Prunières se trouvait donc pleinement confirmée ; les deux pièces étaient des amulettes, et on comprend très-bien qu'un objet de ce genre ne fût pas toujours porté de la même manière ; on ne le perçait que lorsqu'on voulait le suspendre au cou. Le fait est que, parmi les nombreuses amulettes crâniennes qui ont été trouvées depuis, il n'y en a qu'un assez petit nombre qui soient percées d'un trou ou munies d'entailles de suspension.

Pendant que nous recevions l'hospitalité au château de Baye, M. Prunières adressait à la Société d'anthropologie un travail, accompagné d'une planche et de plusieurs fragments crâniens façonnés de diverses manières. Ce travail, qui fut communiqué dans la séance du 5 mars 1874 (2), donna lieu à une discussion de quelque étendue. Depuis lors, à plusieurs reprises, M. Prunières nous a envoyé d'autres pièces de même nature. En tenant compte de ces diverses pièces, et en y joignant les cas où l'on a trouvé, à défaut des amulettes mêmes, des crânes portant la trace de sections posthumes en rapport avec la fabrication des amulettes, on arrive à réunir un nombre de faits plus que suffisant pour lever tous les doutes qu'avait suscités, dès l'origine, l'extrême diversité des fragments crâniens travaillés. Il est clair que les qualités qu'on leur attribuait ne concernaient ni leurs formes, ni leurs dimensions, ni la nature du travail, mais la substance même dont ils étaient formés. C'est ce qui ressortira, d'ailleurs, bien plus clairement encore de la suite de cet exposé.

(1) J. de Baye, *La trépanation préhistorique*, Paris, 1876, broch. in-8°, p. 9, fig. 3.

(2) *Bulletins de la Société d'anthropologie de Paris*, 2e série, t. IX, p. 185. Dans cette séance fut montrée l'amulette à entailles marginales représentée ci-dessus, fig. 3.

La première des pièces étudiées ayant reçu, d'après sa forme, le nom de *rondelle*, ce nom a été appliqué par extension aux autres pièces du même genre, quoique de formes différentes. Cette habitude a prévalu parmi nous à l'époque où beaucoup de personnes hésitaient à se servir du mot *amulette*, qui impliquait une interprétation encore contestée. C'est peut-être un abus de langage, mais il ne s'agit que de s'entendre sur les mots.

Toutes les rondelles ou amulettes dont je viens de parler datent de l'époque néolithique, et j'ai déjà dit qu'un certain nombre d'entre elles étaient façonnées de manière à être suspendues au cou; on retrouve des restes de cette coutume dans des temps bien postérieurs à l'époque néolithique. Il y a dans la collection Morel, à Châlons-sur-Marne, un *torques gaulois* auquel est suspendue une rondelle osseuse, plate, ronde, polie sur ses deux faces, semblable à nos jetons, et percée d'un trou central. Cette pièce a été taillée dans un fragment de crâne humain. M. de Baye a trouvé, à Wargemoulin (Marne), une rondelle pareille à la précédente, suspendue à un fil de laiton et percée de trois trous (1); il en possède plusieurs autres qui n'étaient pas attachées à des torques, mais qui, selon toutes probabilités, étaient faites aussi pour être suspendues au cou, comme les médailles actuelles. Il est permis de croire que cet usage gaulois était la continuation de l'antique usage néolithique. Peut-être les Gaulois n'y attachaient-ils pas les mêmes idées que leurs prédécesseurs ; ce qui dans l'origine avait été une amulette, pouvait, avec le temps, être tombé à l'état d'ornement pur et simple, car on sait avec quelle persistance certaines coutumes populaires se perpétuent sous leur signe matériel, alors même qu'on en a oublié le but originel. Je montrerai pourtant plus loin que, jusqu'à une époque presque récente, on a attribué à la substance du crâne humain des propriétés curatives toutes spéciales. J'ajoute que de nos jours encore les médicastres traitent diverses maladies à l'aide de sachets renfermant certaines drogues et suspendus au cou des patients. Cette pratique date de l'antiquité : les sachets médicamenteux étaient appelés en latin *noduli* ou *sacculi*, en grec μαρσύπια. Galien lui-même traitait l'épilepsie par la racine de pæonia suspendue au cou (2). Il est donc permis de considérer comme probable que

____

(1) *Bulletins de la Société d'anthropologie*, 2 mars 1876, 2ᵉ série, t. XI, p. 121.
(2) Galien, *De simplicium medicamentorum facultatibus*, lib. VI, édition des Juntes, Venise, 1586, in-fol., t. IV, p. 43, verso.

la rondelle crânienne de certains colliers gaulois n'était pas un simple ornement, qu'on lui attribuait quelque propriété imaginaire, et qu'en traversant les siècles, au prix d'un léger changement de forme, elle n'avait pas cessé d'être une amulette.

D'où venait cet usage des amulettes crâniennes? A quel ordre d'idées se rattachait-il? L'étude des crânes perforés va nous l'apprendre.

§ 2. DES CRANES PERFORÉS.

La découverte des crânes artificiellement perforés appartient encore à M. Prunières. Elle a précédé de plusieurs années celle des amulettes crâniennes, car elle remonte à l'année 1868. Dans un grand et beau dolmen lozérien, situé près d'Aiguières, M. Prunières trouva une calotte crânienne dont la paroi latérale présentait une énorme perte de substance. En examinant les bords de cette immense ouverture, il reconnut qu'ils n'étaient pas cassés, mais coupés ou sciés dans toute leur étendue, à l'exception d'une portion qui paraissait polie. Il supposa d'après cela que ce crâne avait été préparé pour servir de coupe et que la portion polie de l'ouverture était celle sur laquelle on appliquait les lèvres. Boire dans le crâne d'un ennemi est la volupté suprême du barbare. Les Gaulois, à l'occasion, célébraient ainsi leurs victoires (1); l'hypothèse de M. Prunières pouvait donc paraître assez plausible.

Dans la même sépulture se trouvaient cinq autres fragments crâniens qui présentaient sur l'un de leurs bords des traces de section ou de polissage, et qui paraissaient provenir d'autant de crânes différents. Ne connaissant pas encore les amulettes crâniennes, M. Prunières put croire que tous ces fragments étaient des débris de crânes transformés en coupes, et il écrivit dans ce sens à la Société d'anthropologie (2). Mais ses idées durent se modifier lorsqu'il eut découvert que certains fragments crâniens, plus ou moins façonnés, étaient des amulettes. Chaque « ron-

______

(1) Tite Live, livre XXIII, chap. xxiv.

(2) *Bulletins de la Société d'anthropologie*, 21 mai 1868, p. 319. — Voir aussi *Association française pour l'avancement des sciences*, session de Lille, 1874, p. 602.

delle » détachée avait dû laisser une perte de substance sur le crâne où on l'avait prise, et cette perte de substance pouvait être médiocre, grande ou très-grande, suivant qu'elle résultait de l'ablation d'une seule rondelle ou de plusieurs. Ainsi s'expliquaient, d'une part, les énormes ouvertures artificielles des crânes qui avaient paru destinés à servir de coupes ; et d'une autre part, les ouvertures, beaucoup moins grandes, que M. Prunières retrouva sur plusieurs autres crânes, en passant en revue toute sa collection de crânes néolithiques.

Ces diverses ouvertures artificielles se distinguaient des ouvertures accidentelles produites par des fractures ou des érosions posthumes, car leurs bords n'étaient ni cassés ni érodés ; elles ne présentaient pas non plus les caractères des sections produites par la dent des animaux ; on ne pouvait donc les attribuer qu'à la main de l'homme ; mais les bords de ces ouvertures, comme ceux des rondelles séparées, se présentaient dans deux états bien différents. Les uns étaient manifestement coupés ou sciés à l'aide d'un instrument assez grossier et présentaient, dès lors, une surface plus ou moins rugueuse, tandis que les autres étaient lisses et semblaient polis ; et comme ces deux états s'observaient souvent en deux points différents d'une même pièce, M. Prunières supposa qu'il s'agissait d'une seule et même pratique, d'une excision posthume destinée à obtenir des amulettes, que l'on conservait tantôt sans y retoucher, tantôt en régularisant une partie ou la totalité de leur contour par un travail de polissage.

Il exposa cette idée dans une lettre communiquée, le 5 mars 1874, à la Société d'anthropologie, avec un certain nombre de pièces à l'appui. En examinant ces pièces, je constatai qu'effectivement les sections à bords coupés ou sciés étaient posthumes, comme l'avait très-bien reconnu M. Prunières ; mais je constatai, en outre, que les sections à bords « polis » étaient d'une nature toute différente, que l'état lisse de leur surface n'était pas dû à un travail de polissage, qu'il était le résultat d'un ancien travail de cicatrisation, et que, par conséquent, les sections avaient été pratiquées pendant la vie, et même un grand nombre d'années avant la mort. Je pus donc démontrer que les faits recueillis par M. Prunières se rattachaient à deux opérations entièrement différentes, pratiquées, l'une sur le cadavre, l'autre sur l'homme vivant, et je donnai à cette dernière opération le nom de *trépa-*

nation chirurgicale, pour la distinguer de la *trépanation posthume*, découverte par M. Prunières (1).

Cette distinction une fois faite, je pus en faire découler toute une série de conséquences que je vais maintenant exposer ; mais auparavant je compléterai cet historique en signalant le mémoire communiqué par M. Prunières, en août 1874, à la section d'anthropologie de l'Association française (session de Lille) (2) ; diverses présentations faites à la même section, en août 1875, par MM. Chauvet et Gassies (session de Nantes) (3) ; un rapport de M. Babert de Juillé, conservateur du musée préhistorique de Niort (4) ; et, enfin, un mémoire publié il y a quelques mois par M. Joseph de Baye (5). Quant aux nombreuses communications faites à la Société d'anthropologie depuis trois ans et aux discussions qu'elles ont soulevées, il serait superflu de les énumérer ici. J'aurai l'occasion de les mentionner dans le cours de ce travail.

Je me propose d'établir les deux faits suivants :

1° On pratiquait à l'époque néolithique une opération chirurgicale consistant à ouvrir le crâne pour traiter certaines maladies internes. Cette opération se faisait presque exclusivement, peut-être même exclusivement sur les enfants (*trépanation chirurgicale*).

2° Les crânes des individus qui survivaient à cette trépanation étaient considérés comme jouissant de propriétés particulières, de l'ordre mystique, et lorsque ces individus venaient à mourir, on taillait souvent dans leurs parois crâniennes des rondelles ou fragments qui servaient d'amulettes et que l'on prenait de préférence sur les bords mêmes de l'ouverture cicatrisée (*trépanation posthume*).

Je n'énonce ici que les deux faits les plus généraux ; les détails viendront plus tard.

(1) *Bulletins de la Société d'anthropologie*, 2e série, t. IX, p. 192-202, 5 mars 1874 ; — même volume, p. 542-555, 2 juillet 1874 ; — t. XI, p. 236-251, 4 mai 1876.

(2) *Association française*, volume de Lille, 1874, p. 597-635.

(3) *Association française*, volume de Nantes, 1875, p. 854 et 888.

(4) Babert de Juillé, *Rapport de la commission des tumuli de Bougon, suivi d'une étude sur la trépanation préhistorique et en particulier sur le crâne trépané que possède le musée de Niort*. Niort, 1875, broch. in-8° de 17 pages.

(5) Joseph de Baye, *La trépanation préhistorique*. Paris, 1876, broch. grand in-8° de 30 pages.

J'ai annoncé qu'il existe sur les pièces qui se rattachent à cette question des sections de deux espèces, les unes cicatrisées depuis longtemps, les autres en quelque sorte fraîches et ne présentant aucun travail de réparation. Je vais prouver que celles-ci sont posthumes, et que celles-là sont chirurgicales.

§ 3. DES TRÉPANATIONS POSTHUMES.

Les sections posthumes se reconnaissent aussi bien sur les bords des ouvertures artificielles que sur la circonférence des fragments excisés. Les traces de l'instrument ne sont pas toujours également évidentes ; l'usure moléculaire qui s'est produite dans le sol les rend quelquefois douteuses, et on a pu, par exemple, dans quelques cas, se demander si les bords de cer-

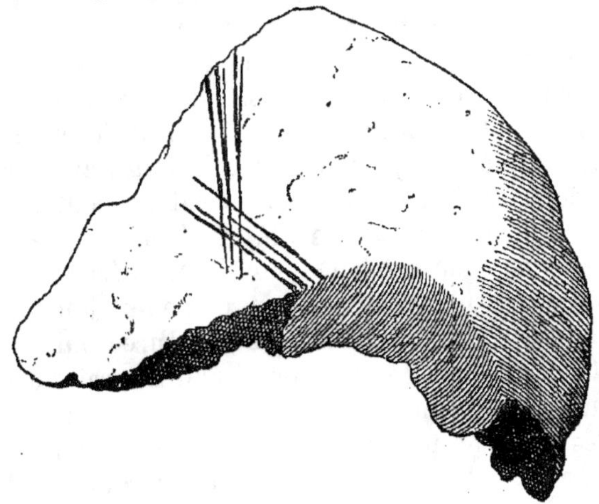

Fig. 4. Amulette à bord falciforme, provenant du dolmen de la Galline (Lozère). M. Prunières. Gr. nat. La partie la plus claire du bord concave est taillée en un biseau mince, falciforme et cicatrisé. Le reste de la circonférence de l'amulette a été taillé par sections posthumes.

taines ouvertures ou de certaines rondelles n'avaient pas été coupés par la dent d'animaux rongeurs ou carnassiers. Mais les pièces où l'action d'un instrument de silex est incontestable et incontestée sont encore très-nombreuses.

Les sections, quelquefois perpendiculaires à la surface de l'os, plus souvent un peu obliques, tantôt presque droites, plus souvent un peu curvilignes, offrent une surface assez nette, mais cependant rayée longitudinalement ; elles dénotent l'action réitérée d'un instrument, couteau ou scie, qui a pénétré, de couche en couche, soit par des entailles successives, soit par un mouvement de va-et-vient. Au début de l'opération, l'instrument faisait quelquefois des échappées et produisait sur la surface voisine de petites rayures divergentes et quelquefois assez longues (voy. fig. 4). Enfin, les cellules du diploé sont ouvertes à la surface des sections et présentent le même aspect que sur un crâne récemment scié. J'insiste sur ces détails, non pas pour prouver que les sections sont artificielles, — cela saute aux yeux, — mais pour prouver que les os sont exactement dans l'état où ils étaient au moment où ils ont été coupés. Aucun travail de réparation ni de réaction organique ne s'est produit; il n'existe dans le tissu osseux aucune trace d'ostéite, aucune porosité anormale due à la dilatation des canaux vasculaires. On est donc conduit à penser que les sections ont été faites après la mort.

On sait toutefois que le travail de réaction traumatique est plus lent dans la substance dure des os que dans les parties molles. C'est seulement lorsqu'il a duré plusieurs jours qu'il laisse des traces durables, et l'aspect des pièces serait le même si les sections avaient été pratiquées très-peu de jours avant la mort.

On peut donc se demander si ces sections sont réellement posthumes; n'auraient-elles pas été le résultat d'une blessure mortelle reçue dans un combat? — ou d'une opération pratiquée sur le vivant et suivie de mort au bout de peu de jours?

Il faut écarter d'abord l'idée des blessures faites par les instruments de combat, car un coup subit n'aurait pu produire ni les rayures longitudinales des bords, ni les échappées de la surface. Ces effets ne peuvent être attribués qu'à un instrument assez petit, mû par la main patiente d'un opérateur mal outillé.

Mais l'idée d'une opération pratiquée sur le vivant et très-promptement suivie de mort doit être examinée avec plus de soin. Parmi les sujets que l'on trépane aujourd'hui, il en est qui meurent, il en est d'autres qui guérissent; les ouvertures cicatrisées, dont je parlerai tout à l'heure, ne correspondraient-elles pas aux cas de guérison, et les autres, non cicatrisées, aux cas de mort? S'il en était ainsi, les pièces dont il s'agit se rapporteraient à une seule et même pratique; mais il est aisé de reconnaître que cette hypothèse est tout à fait inexacte.

En premier lieu, on n'a trouvé jusqu'ici aucune section en voie de réparation. De deux choses l'une : ou bien la cicatrice est *très-ancienne*, ou bien la section est toute fraîche. Or, il n'est pas admissible qu'une opération de ce genre ne donnât d'autre résultat qu'une mort très-prompte ou bien une guérison définitive.

En second lieu, les ouvertures non cicatrisées et les ouvertures cicatrisées diffèrent entièrement les unes des autres par leur forme générale aussi bien que par leur étendue et par la direction de leurs bords. Les bords des ouvertures cicatrisées sont presque toujours taillés en un biseau très-oblique, presque tranchant; ceux des autres ouvertures, lorsqu'ils sont obliques, le sont toujours beaucoup moins, et il est certain que ce n'est ni la même opération, ni le même procédé qui pourrait donner lieu à des résultats aussi dissemblables. En outre, les ouvertures cicatrisées ont une forme elliptique et des dimensions assez restreintes, tandis que les ouvertures non cicatrisées ont des formes toujours irrégulières, festonnées ou anfractueuses, et des dimensions beaucoup plus grandes. Il est certain que ces deux espèces d'ouvertures sont dues à deux opérations complétement différentes.

En troisième lieu, et ceci est décisif, la plupart des rondelles et la plupart des ouvertures crâniennes présentent à la fois sur une partie de leur bord une section *fraîche*, c'est-à-dire sans la moindre trace de travail organique, et sur une autre partie de leur bord une section cicatrisée depuis un grand nombre d'années. Il est évident que ces deux résultats ne peuvent être attribués à une seule opération, mais à deux opérations différentes, séparées l'une de l'autre par un laps de temps très-considérable.

Ce dernier argument permet de réfuter, en outre, une autre hypothèse qui pourrait se présenter à l'esprit. L'étendue immense de certaines ouvertures crâniennes est tout à fait incompatible avec l'idée d'une opération pratiquée sur le vivant dans un but thérapeutique ; mais on pourrait supposer que les sections fraîches sont l'œuvre d'un tortionnaire chargé d'exercer une vengeance publique sur un condamné à mort, ou de faire périr dans un supplice atroce un prisonnier de guerre. Cette supposition permettrait même, jusqu'à un certain point, d'expliquer pourquoi l'on conservait si précieusement les fragments crâniens que l'on enlevait ainsi, car, jusqu'à la fin du dix-septième siècle, on a attribué à la substance du crâne humain des propriétés médicales particulières et on l'a employée contre certaines maladies de la tête, en choisissant de préférence « le crâne d'un jeune homme *mort*

de mort violente et qui n'ait pas été inhumé (1) ». — Mais le fait
que les individus dont on taillait le crâne en rondelles ou en
amulettes étaient précisément ceux qui avaient été autrefois trépanés, prouve suffisamment que ce n'étaient ni des condamnés à
mort ni des prisonniers de guerre.

Il faut donc reconnaître que les sections fraîches sont réellement posthumes, ainsi que M. Prunières l'a annoncé dès le
premier jour, et il est extrêmement probable qu'elles se faisaient
solennellement, au moment des funérailles.

§ 4. DE LA TRÉPANATION CHIRURGICALE.

Les crânes des individus qui avaient été soumis autrefois à la
trépanation chirurgicale n'étaient pas nécessairement soumis à la
trépanation posthume. Un certain nombre d'entre eux étaient dé-
posés intacts dans le sol, soit que la famille s'opposât à cette
mutilation, soit que la tribu fût déjà suffisamment pourvue
d'amulettes. On a donc trouvé dans plusieurs sépultures néolithiques des crânes sur lesquels les ouvertures de la trépanation
chirurgicale sont entières, et peuvent être étudiées d'une manière
complète.

Ces ouvertures présentent les caractères suivants : leur forme,
sans être géométrique, est assez régulière. Elles ne sont jamais
rondes, et se rapprochent toujours plus ou moins de la forme d'une
ellipse dont le grand axe est dirigé dans le sens de la longueur
du crâne (voy. fig. 5) ; leurs dimensions, sans être fixes, varient
peu ; leur longueur est comprise entre 35 et 50 millimètres, et est
en moyenne de 4 centimètres ; leur largeur est ordinairement
moindre de 6 à 10 millimètres ; leur bord, régulièrement aminci,
toujours assez oblique, et ordinairement très-oblique, est taillé aux
dépens de la face externe de l'os en un biseau aigu, quelquefois
presque tranchant, dont la surface, bien lisse, est formée par une
lame de tissu compacte qui, commençant brusquement sur la table
interne du crâne, se continue insensiblement avec la table externe.
Cette lame, intermédiaire entre les deux tables compactes de l'os,
correspond nécessairement au diploé, et cependant on n'aperçoit
aucune trace des cellules du tissu spongieux ; on peut en conclure

(1) Nicolas Lemery, *Traité universel des drogues simples*, Paris, 1699, in-4º.
Ce passage a été reproduit par M. Prunières dans son mémoire de Lille,
p. 629.

avec certitude que l'état lisse des bords de l'ouverture n'est pas
la conséquence d'un travail de polissage. Le polissage n'aurait
pu produire rien de semblable ; il aurait abattu les petites saillies
râpeuses des lamelles du tissu spongieux, mais il n'aurait pu
effacer les ouvertures diploïques ; il les aurait laissé persister
sous l'apparence d'un crible irrégulier, comme on le voit sur

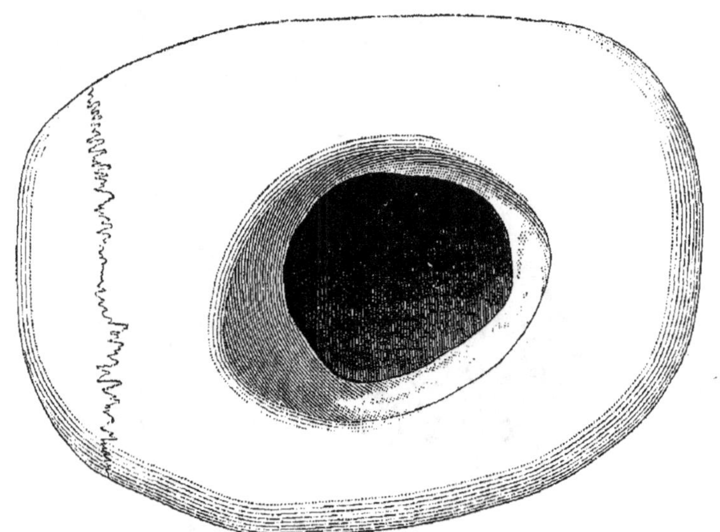

Fig. 5. Trépanation chirurgicale sur le pariétal gauche, à 26 millimètres en arrière de
la suture coronale. Collection de Baye (d'après un moule). Gr. nat.

quelques rondelles dont le bord a été réellement poli, notamment
sur la célèbre rondelle de Lyon, représentée sur la figure 1 ;
mais sur toutes les ouvertures à bords lisses (et j'ajoute sur la
majorité des rondelles) la surface du biseau marginal est recouverte d'une lame compacte, qui est due à un travail de cicatrisation complétement terminé ; j'ai dû insister sur ce caractère,
parce que c'est lui qui établit la distinction fondamentale des
trépanations posthumes et des trépanations chirurgicales.

Autour de l'ouverture, le tissu osseux est revenu à l'état normal. En éclairant la cavité du crâne à l'aide du cranioscope, on
voit que la table interne est aussi saine que l'externe. Il n'existe
à ce niveau aucune déformation de la paroi crânienne ; le bord
du biseau n'est déjeté ni en dedans ni en dehors, et la courbure
de la région n'est nullement modifiée.

Les ouvertures que je viens de décrire occupent des régions

très-variables ; la plupart correspondent au pariétal, quelques-unes à l'écaille occipitale ou à la partie la plus élevée de l'écaille frontale. D'autres sont en quelque sorte à cheval sur une suture, de manière à empiéter, à peu près par moitié, sur les deux os voisins. M. de Baye a représenté dans son mémoire deux cas de ce genre : sur le premier crâne, l'ouverture traverse la branche droite de la suture lambdoïde ; sur le second, elle traverse la branche gauche de la suture coronale, entamant ainsi à la fois le pariétal et le frontal (voy. fig. 6). On en trouve un autre exemple

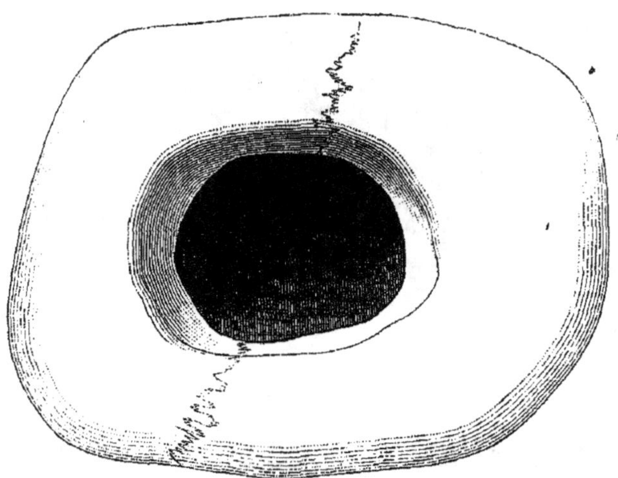

Fig. 6. Trépanation chirurgicale sur la suture coronale. Collection de Baye
(d'après un moule). Gr. nat.

plus remarquable encore sur le n° 5 de la caverne de l'Homme-Mort. La perte de substance, située vers le milieu de la suture sagittale, entame profondément les deux pariétaux (voy. fig. 7). Il semble donc que le siége des ouvertures ne soit assujetti à aucune règle. Il y avait cependant une règle importante, et à laquelle aucun des faits que je connais ne fait exception : c'est qu'on respectait toujours la partie du crâne qui n'est pas recouverte de cheveux, celle qui constitue le front, et qui appartient au visage ; je parle de la région appelée *front* dans le langage vulgaire, et non pas de l'os frontal des anatomistes, lequel, comme on sait, s'étend bien au-delà du front. Ce n'est pas que l'on craignît d'attaquer cet os, car je viens de citer un cas où il était profondément échancré. Si donc on évitait avec soin la région du front proprement dit, c'est parce qu'on ne voulait pas mutiler le visage.

Cette règle était-elle absolue? Je n'ose pas encore l'affirmer, mais le nombre des cas de trépanations chirurgicales que j'ai étudiés est assez grand pour que je ne puisse pas attribuer au

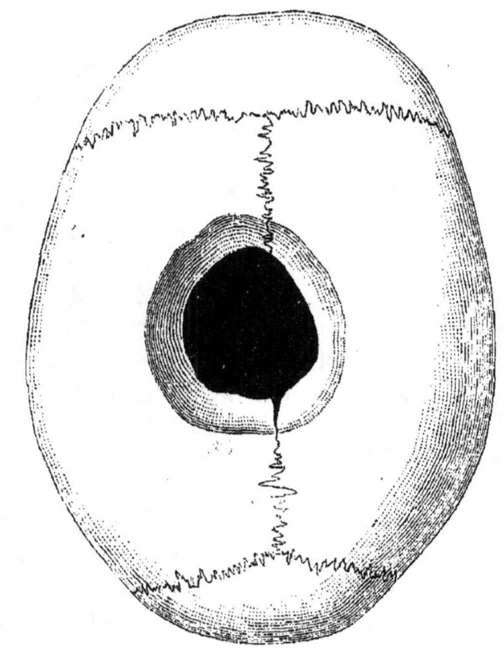

Fig. 7. Crâne n° 5 de la caverne de l'Homme-Mort (Lozère); trépanation chirurgicale sur la suture sagittale (M. Prunières). Demi-nat.

hasard l'intégrité, jusqu'ici constante, de la région du front; j'ajoute que, dans les trépanations posthumes, on respectait aussi cette région, alors même qu'on n'hésitait pas à produire sur le reste du crâne des pertes de substance d'une énorme étendue.

Telles sont les ouvertures que j'attribue à la trépanation chirurgicale. Il s'agit maintenant de fournir des preuves à l'appui de cette interprétation.

Que ces ouvertures soient antérieures, et même bien antérieures à la mort, cela ne peut faire l'objet d'un doute, puisque leurs bords sont complétement cicatrisés. Mais cela ne prouve rien encore, car le crâne de l'homme est exposé à des accidents, à des blessures, à des maladies capables de produire des perforations ou des pertes de substance de forme et d'étendue très-variables. On en voit de nombreux exemples réunis dans les musées d'anatomie pathologique ; on en voit aussi çà et là quelques-uns dans les musées craniologiques, sur des crânes trouvés dans des sépultures de tous les temps et de tous les pays, et il est tout naturel de se demander si les ouvertures cicatrisées de nos crânes néolithiques ne sont pas dues à des causes accidentelles ou pathologiques. Elles sont, il est vrai, incomparablement plus fréquentes sur ces crânes que sur les crânes ordinaires ; mais cela pourrait être attribué aux mœurs violentes et guerrières des hommes de ce temps-là.

L'idée d'une opération chirurgicale ne se présenterait donc pas à l'esprit si nous n'avions sous les yeux qu'un seul de nos crânes trépanés. L'un de ces crânes a été recueilli en 1840 dans le dolmen de Bougon (Deux-Sèvres), et M. le docteur Sauzé, qui l'a étudié avec soin, a pensé qu'il était atteint d'une blessure de guerre (1). Le crâne perforé découvert en janvier 1874 par MM. Louis Lartet et Chaplain, dans la grotte de Sorde (Basses-Pyrénées), fut interprété de la même manière par M. Hamy (2). Moi-même, ayant reçu, en 1872, la belle collection des crânes de la caverne de l'Homme-Mort, généreusement donnée par M. Prunières au musée de mon laboratoire, je méconnus entièrement la nature des perforations cicatrisées qui existaient sur deux de ces crânes. Les bords de l'un s'étant un peu altérés dans le sol de la sépulture, je me laissai aller à supposer qu'il s'agissait d'une érosion posthume, tout en reconnaissant cependant « que ces bords pouvaient paraître cicatrisés » ; j'ajoute, pour mon excuse, que la portion de l'ouverture qui était cicatrisée correspondait à la partie antérieure et inférieure de la fosse temporale, région où la paroi, très-mince, est souvent dépourvue de diploé, de sorte que le caractère le plus décisif des cicatrices crâniennes, l'occlusion des cellules du diploé, ne peut être constaté. Quant à l'autre perforation, je pus aisément reconnaître qu'elle était traumatique et cicatrisée ; mais ce ne fut pas sans hésiter que je l'attribuai à une blessure de combat. « Avant d'avoir étudié ce crâne, disais-je, je n'aurais jamais supposé qu'une hache de pierre pût ainsi détacher d'un seul coup, et d'un coup très-obli-

---

(1) Babert de Juillé, *Rapport déjà cité sur le dolmen de Bougon*, Niort, 1875, p. 9.

(2) Louis Lartet et Chaplain, *Une sépulture des anciens troglodytes dans les Pyrénées*, Toulouse, 1874, broch. in-8°, p. 35, fig. 22, n° 2, et p. 36, note I.

2

quement dirigé, une pièce d'os aussi large et aussi épaisse ; il fallait que l'arme fût maniée par un bras athlétique, et je cherche en vain, parmi les humérus de la caverne de l'Homme-Mort, l'indice de cette force herculéenne (1). » On voit que j'étais loin d'être satisfait de mon interprétation ; je sentais bien qu'elle était forcée ; je l'acceptai néanmoins, faute de pouvoir en proposer une autre, et je ne songeai pas même à la possibilité d'une opération chirurgicale.

Mais aujourd'hui, lorsque nous voyons la même perforation reparaître avec les mêmes caractères sur un grand nombre de crânes néolithiques, avec sa forme elliptique, son contour régulier, son bord aminci et très-oblique, son grand axe toujours dirigé dans le même sens et ses dimensions assez peu variables, nous sommes obligés de reconnaître que les hasards du traumatisme ou de la maladie ne pourraient donner lieu à un effet aussi constant. Il y a là un type qui ne peut résulter que d'un procédé régulier, appliqué par un opérateur méthodique. C'est ainsi que les premiers silex taillés du diluvium ont paru d'abord brisés par des chocs fortuits ; mais lorsqu'on a vu les mêmes formes se reproduire un grand nombre de fois, on y a reconnu la signature de l'homme.

La preuve tirée de la constance du type des ouvertures n'est pas la seule que l'on puisse invoquer. Il est facile, en effet, de reconnaître que ces ouvertures diffèrent de toutes les autres.

Les ouvertures non chirurgicales du crâne sont congénitales, pathologiques ou traumatiques ; je ne parlerai que de celles dont le diamètre peut atteindre 2 centimètres, les perforations plus petites ne pouvant évidemment pas être confondues avec celles que j'étudie.

Les ouvertures congénitales sont de deux espèces : 1° les unes sont la conséquence d'un arrêt de formation des pariétaux ; elles sont *doubles* et symétriques (voir fig. 8 et 9) ; elles tiennent la place des trous pariétaux, et ont, par conséquent, *un siége absolument fixe* (2) ; ces deux caractères permettent de les mettre hors de cause ; 2° les autres donnent passage à des hernies du cerveau

____

(1) P. Broca, *Mémoire sur la caverne de l'Homme-Mort*, dans la *Revue d'anthropologie*, t. II, p. 18, janvier 1873.

(2) P. Broca, *Sur la perforation congénitale des pariétaux* (*Bulletins de la Société d'anthropologie*, 1875, p. 192-198). — *Sur les trous pariétaux et sur la perforation congénitale double et symétrique des pariétaux* (même volume, p. 326-336).

ou des méninges; elles ne peuvent se produire qu'en un certain nombre de points déterminés, et leur formation est impossible dans la plupart des points où s'observent nos trépanations. Elles diffèrent, en outre, complétement de ces dernières par la disposition de leurs bords. J'ai étudié, par exemple, dans le musée

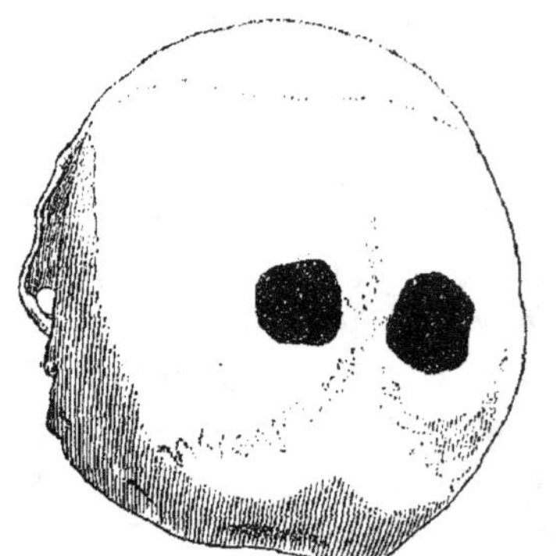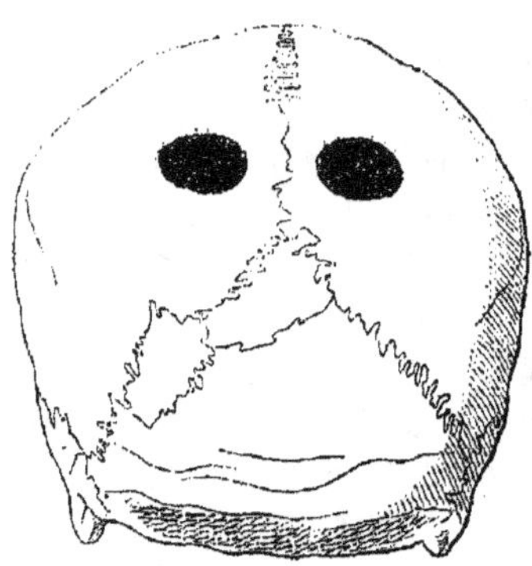

Fig. 8, 9. Perforation double et congénitale des pariétaux. Tiers nat.— Fig. 8. D'après la photographie d'un crâne donné par M. le baron Larrey au musée du Val-de-Grâce. — Fig. 9. Dessin stéréographique d'un crâne canarien donné par M. le docteur Chil au musée de l'Institut anthropologique.

Dupuytren, un cas où la hernie cérébrale s'est faite à travers la branche droite de la suture lambdoïde. L'ouverture est grande, elliptique et assez régulière ; son bord est très-compacte, aminci, presque tranchant, comme celui de nos ouvertures chirurgicales ; mais ce bord n'est pas resté sur le niveau de la surface générale du crâne, il a été fortement repoussé, presque retourné en dehors par la pression de la hernie, et la région voisine présente un certain degré de voussure, tandis que la conformation des crânes trépanés est parfaitement normale autour de l'ouverture, dont le bord, d'ailleurs, n'est nullement dévié.

Je passe aux *ouvertures pathologiques*. Elles sont produites, tantôt par des tumeurs intra ou extra-crâniennes, capables d'envahir et de détruire le tissu osseux; tantôt par une maladie de l'os lui-même. Dans le premier cas, l'ouverture ne peut pas se cicatriser et, par conséquent, ne peut ressembler en rien aux perforations chirurgicales. Dans le second cas, la guérison et la cicatrisation ne sont pas impossibles ; mais la maladie de l'os, s'étendant toujours bien au-delà des points où la perforation s'est produite, laisse, tout autour de celle-ci, des traces indélébiles, que l'on ne retrouve pas sur les crânes artificiellement perforés.

Il ne reste donc plus à considérer que les *ouvertures traumatiques*, résultant de certaines blessures du crâne. L'os blessé, n'étant pas malade, peut faire aisément les frais d'un travail de réparation, aboutissant à une cicatrisation complète. L'ostéite qui accompagne ce travail, produit tout autour de l'ouverture, et dans une étendue assez considérable, une dilatation des canalicules et, par conséquent, une porosité qui ne disparaît ensuite qu'avec une extrême lenteur ; mais, lorsque le blessé survit pendant un nombre d'années suffisant, l'ouverture du crâne présente les deux principaux caractères des ouvertures de la trépanation, savoir : la cicatrisation complète des bords et l'intégrité parfaite du tissu osseux environnant. On peut donc être tenté d'attribuer à des accidents traumatiques les ouvertures que j'appelle chirurgicales.

Les blessures capables de produire des perforations crâniennes sont : les plaies contuses, les fractures et les sections par armes tranchantes.

Les *plaies contuses* amènent rarement ce résultat. Elles agissent en décollant le périoste. L'os dénudé, ne recevant plus de vaisseaux, se mortifie, c'est-à-dire se *nécrose ;* la partie mortifiée, appelée *séquestre*, est détachée par un travail d'élimination, et tombe au bout d'un temps qui varie entre un et trois mois; cela est très-commun; mais le plus souvent le séquestre n'occupe que la couche superficielle de l'os, et la perforation ne se produit que dans les cas rares où le séquestre comprend toute l'épaisseur de l'os. Or, tous ceux qui ont vu ces séquestres pénétrants savent qu'ils sont toujours limités par des bords dentelés et extrêmement irréguliers; les mêmes irrégularités existent nécessairement, dans l'origine, sur l'ouverture crânienne ; elles s'atténuent beaucoup dans la suite, grâce au travail de cicatrisation, mais elles ne disparaissent pas, et il faudrait un concours de circonstances tout à fait exceptionnel pour qu'une ouverture de ce genre devînt semblable à une ouverture chirurgicale.

Les *fractures avec esquilles* peuvent produire des ouvertures d'étendue variable, mais le plus souvent très-irrégulières, et accompagnées de fêlures marginales plus ou moins étendues, dont la trace ne s'efface jamais. Nos projectiles modernes font quelquefois des ouvertures presque régulières et sans fêlures divergentes; mais les hommes néolithiques ne disposaient pas de pareils moyens. Les projectiles ordinaires, les pierres de fronde, les coups de massue, les chutes sur la tête, se bornent presque toujours à produire des fractures par enfoncement, que nos chirurgiens transforment quelquefois en ouvertures plus ou moins grandes en enlevant méthodiquement quelques-uns des fragments déviés et en relevant les autres ; mais il est très-rare que les fractures abandonnées à elles-mêmes donnent lieu à des ouvertures, car la plupart des esquilles ne sont qu'incomplétement détachées ; elles tiennent encore par une partie de leurs bords ; elles continuent donc à vivre ; lorsque certains fragments sont éliminés, ils ne laissent que des ouvertures petites, irrégulières, dont les bords sont plus ou moins enfoncés, et celles-ci n'ont aucune ressemblance avec nos ouvertures chirurgicales.

Je n'ai donc plus à examiner maintenant que les *pertes de substance produites par l'action d'une arme tranchante.* C'est le nœud même de la question. J'ai dû, pour compléter ma discussion, et pour réfuter à l'avance les interprétations que l'on pourrait m'opposer, passer en revue toutes les espèces de perforations crâniennes ; mais, cette fois, il ne s'agit plus de prévoir des objections qui n'ont pas encore été faites ; il s'agit d'examiner une opinion qui s'est toujours présentée, avant toute autre, à l'esprit des observateurs. Tous ceux à qui l'on montre pour la première fois un de nos crânes néolithiques trépanés, attribuent invariablement la perte de substance à l'action d'une arme tranchante, qui aurait enlevé d'un seul coup un grand copeau du crâne. C'est ce qui m'est arrivé à moi-même, je m'en suis déjà accusé et excusé, — si c'est une excuse d'avoir senti la faiblesse d'une interprétation et de n'avoir pas osé la rejeter. — J'espère prouver aujourd'hui que cette interprétation ne résiste pas à un examen attentif.

Il faut un bras bien vigoureux, et une arme bien tranchante et bien solide pour exciser un grand copeau comprenant toute l'épaisseur du crâne, car il n'y a qu'une coupe très-oblique qui puisse produire cet effet, et une arme ainsi dirigée glissera sur la surface dure et convexe du crâne ou l'entaillera à peine, à moins qu'elle ne soit à la fois très-tranchante et animée d'un mouvement extrêmement rapide. Ce coup terrible s'observe cependant quelquefois sur les fantassins taillés en pièces par une charge de cavalerie. Le poids du sabre et la vitesse du cheval s'ajoutent à la force du bras du cavalier, et l'arme tombe sur la tête du piéton avec assez de force et de rapidité pour pénétrer dans le crâne malgré l'obliquité du coup et pour en enlever tout un segment. Mais, pour que cet effet soit possible, il faut que la région crânienne correspondante présente un certain degré de courbure ; si elle était aussi peu convexe que la région temporale, la lame pourrait bien pénétrer dans le crâne, mais ne pourrait

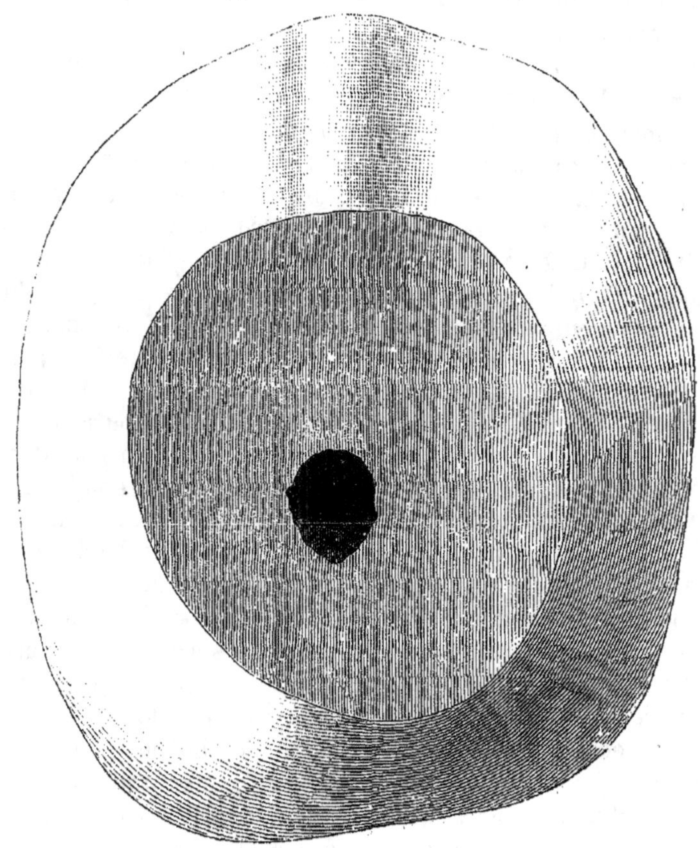

Fig. 10. Perte de substance pénétrante du vertex, produite par un coup de sabre. La surface de section est plane. La suture sagittale, accusée par une saillie longitudinale en avant de la section, est complétement oblitérée. Musée de l'Institut anthropologique ; crâne donné par M. de Khanikof. Gr. nat.

pas ressortir du même côté de manière à abattre un copeau. C'est donc seulement sur le vertex, sur le front, sur l'occiput et sur les bosses pariétales qu'on observe ces grandes pertes de substance traumatiques. Or, nos ouvertures de trépanation occupent souvent la région plate des tempes ; elles y sont même plus fréquentes que partout ailleurs. Celles-là ne sont évidemment pas traumatiques, et on peut déjà en conclure que les autres, qui leur sont semblables en tout point, ne sont pas dues non plus à des blessures de combat. Mais il y a plus : même dans les régions du crâne où les coups de tranchant peuvent produire des pertes de substance pénétrantes, les ouvertures diffèrent entièrement de celles que j'étudie.

Voici, par exemple (fig. 10), un crâne dont le vertex a été enlevé par le sabre d'un cavalier tartare. La section est plane et assez régulièrement elliptique ; elle a détaché un segment qui, mesuré sur la table externe, a 75 millimètres de longueur sur 61 de largeur, et cependant l'ouverture de la table interne n'a que 15 millimètres de longueur sur 11 de large. Le bord est donc extrêmement oblique ; il forme un grand biseau dont la largeur varie entre 35 et 25 millimètres. Cette largeur et cette obliquité du biseau sont incomparablement plus grandes que les dimensions de nos ouvertures de trépanation, et l'on conçoit, en effet, qu'à moins de détacher la plus grande partie de la voûte du crâne, un plan de section doit être extrêmement oblique et parcourir dans l'épaisseur du diploé un trajet très-long avant d'atteindre la table interne. Il suffit donc d'examiner, au point de vue des conditions mécaniques, les ouvertures de nos crânes néolithiques, pour reconnaître qu'aucun coup de tranchant ne pourrait les produire.

Cette conclusion deviendra bien plus nécessaire encore si nous nous reportons à l'époque où l'on ne possédait que des armes de pierre. Ce que ne peuvent faire nos tranchants d'acier, ne pouvait, à plus forte raison, être produit par le tranchant épais des haches polies. Celles-ci ne pouvaient pénétrer dans le crâne que dans une direction peu oblique ; dès lors elles ne pouvaient en ressortir à quelques centimètres plus loin en coupant un copeau régulier. Tout au plus pouvaient-elles commencer la section d'un fragment en faisant sauter le reste par éclat, mais l'ouverture qui en résultait ne pouvait être que très-irrégulière.

A cette démonstration péremptoire on peut ajouter un argument tiré d'un fait que j'ai déjà signalé. Les blessures de guerre peuvent atteindre toutes les parties de la tête, mais elles ont un siége de prédilection, c'est la région frontale, qui fait face à l'ennemi. On n'a pas oublié pourtant que nos ouvertures de trépanation respectent toujours cette région. On ne supposera pas, sans doute, que des guerriers furieux eussent de pareils scrupules, tandis que ce respect pour le visage humain s'explique tout naturellement de la part des opérateurs, à une époque où l'on n'osait pas même prolonger jusque sur le front proprement dit les trépanations posthumes.

La même remarque peut être présentée à ceux qui, tout en reconnaissant que nos ouvertures sont chirurgicales, pensent qu'elles ont pu être motivées, comme la plupart des trépanations modernes, par des fractures ou par des maladies des os du crâne, car la région frontale n'y est pas moins exposée que les autres.

Enfin, si les preuves qui précèdent pouvaient laisser subsister quelque incertitude, l'étude des pratiques superstitieuses qui suivaient la mort des individus trépanés suffirait, je l'espère, pour lever les derniers doutes. J'en parlerai tout à l'heure, mais je dois compléter auparavant l'exposé des faits qui concernent la trépanation chirurgicale.

Parmi les crânes trépanés qui sont assez complets pour se prêter à la détermination du sexe, il en est plusieurs qui sont incontestablement féminins et d'autres qui sont incontestablement masculins. *L'opération se faisait donc indistinctement sur les deux sexes.* Cette remarque sera utilisée plus loin. En voici une autre qui est beaucoup plus importante : elle concerne l'âge où l'on pratiquait la trépanation. *J'ai lieu de croire que l'on ne trépanait que les enfants.*

Tous les chirurgiens qui ont étudié les plaies des os du crâne savent avec quelle lenteur elles se cicatrisent chez les adultes. La plaie extérieure peut se cicatriser assez promptement, de manière à recouvrir solidement les os, mais ceux-ci n'arrivent que très-lentement au terme définitif de la guérison complète. Le travail de réparation dont ils sont le siége s'accompagne d'une ostéite qui se propage bien au-delà des bords de la plaie, et qui, dans une étendue souvent très-grande, amène la dilatation des canalicules vasculaires des deux tables crâniennes. Ces canalicules, dont les ouvertures ne sont normalement visibles qu'à la loupe, deviennent assez larges pour apparaître sous l'aspect de porosités très-manifestes. Il s'écoule d'abord de longs mois avant que le tissu de formation nouvelle, qui constitue la cicatrice osseuse, soit parvenu à l'état de lame compacte ; puis il s'écoule encore plusieurs années avant que les canalicules dilatés reviennent à leur calibre normal, c'est-à-dire avant que les traces de l'ostéite traumatique soient effacées autour de la cicatrice. Ce dernier résultat est même assez rare lorsque la blessure osseuse a eu lieu dans l'âge adulte ; mais il s'observe, au contraire, habituellement lorsqu'elle a été faite, pendant l'enfance ou l'adolescence, sur des crânes qui sont encore en voie d'accroissement.

Or, sur les nombreuses ouvertures de trépanation et sur les amulettes, bien plus nombreuses encore, que l'on a recueillies jusqu'ici, non-seulement la cicatrice est toujours achevée et parachevée, mais encore le tissu des deux tables compactes de l'os adjacent est revenu à son état le plus normal, — et on peut en conclure que toutes ces trépanations ont été pratiquées très-longtemps avant la mort. Sous ce rapport, il n'y a pas de différence entre les crânes des individus déjà âgés et ceux des sujets plus jeunes ; l'un de nos crânes trépanés provient d'une femme âgée de moins de vingt-cinq ans (la dent de sagesse est encore en voie d'évolution), et les traces de l'ostéite traumatique sont aussi complétement effacées chez elle que chez d'autres trépanés qui ont vécu jusqu'à la vieillesse. Si l'on songe maintenant que le rétablissement parfait de l'état normal, quoique possible à tout âge, n'est habituel que lorsque la blessure osseuse a précédé la fin du travail d'accroissement du crâne, on est conduit à présumer que ces opérations ont dû être pratiquées pendant l'enfance ou l'adolescence.

Ce n'est jusqu'ici qu'une présomption, mais voici quelque chose de plus significatif :

La trépanation, considérée en soi, est loin d'avoir la gravité que paraissent lui attribuer les statistiques modernes ; si cette opération est le plus souvent suivie de mort, c'est parce que la plupart des individus qu'on y soumet aujourd'hui sont atteints de fractures du crâne compliquées d'accidents cérébraux et que leur état est déjà presque désespéré : quant à l'acte opératoire en lui-même, il n'a qu'une gravité modérée. En supposant donc que la trépanation néolithique fût faite avec beaucoup de prudence et de méthode, elle pouvait être peu dangereuse, puisqu'elle se pratiquait dans des conditions toutes différentes.

Mais il n'est pas possible qu'elle ne fût jamais mortelle, et, en tous cas, elle ne préservait pas les opérés des chances communes qui pouvaient les atteindre, en pleine santé, quelques mois ou quelques années après leur guérison. Ceux qui mouraient ainsi avant l'époque très-tardive où l'état des bords de l'ouverture et celui des os environnants devenaient définitifs, étaient inhumés comme les autres, et cependant leurs crânes ne se retrouvent pas dans les sépultures néolithiques. Cela prouve que ces crânes se sont détruits dans le sol, ou du moins que l'altération moléculaire posthume a dénaturé la région opérée à un degré suffisant pour faire disparaître entièrement les bords de l'ouverture artificielle, et avec eux les traces de l'opération.

Ce résultat s'expliquerait bien difficilement si les trépanations avaient été pratiquées sur les adultes, dont les crânes sont à la fois durs et épais, car leur dureté résiste à l'érosion posthume, en même temps que leur épaisseur rend le biseau de la section large, distinct et difficile à effacer. Mais tout s'explique parfaitement si les sujets opérés étaient des enfants. On sait que les crânes des enfants se détruisent dans le sol beaucoup plus rapidement que ceux des adultes, et qu'il est très-rare de les retrouver intacts dans les anciennes sépultures, à moins que le sol ne soit d'une sécheresse exceptionnelle.

Il y a tel dolmen où, parmi de nombreux crânes d'adultes en assez bon état, les crânes d'enfants sont à peine représentés par quelques débris (qui quelquefois même font entièrement défaut). On peut aussi se convaincre que la plupart de ces crânes ont été détruits dans le sol. Cela diminue déjà singulièrement la chance de retrouver des crânes d'enfants d'une catégorie déterminée ; mais la chance diminuera bien plus encore s'il s'agit d'une catégorie exposée tout particulièrement à l'érosion posthume. Or, les crânes des enfants trépanés sont précisément dans ce cas. D'autre part, le bord de l'ouverture, taillé en un biseau très-oblique, est incomparablement plus mince que tout le reste du crâne ; c'est donc sur ce bord que les agents physico-chimiques de l'érosion posthume produisent leurs premiers effets. En second lieu, quelque oblique que soit le biseau, il n'occupe qu'une largeur médiocre, puisque la paroi crânienne est fort mince. Sur les crânes d'adultes, ce biseau est beaucoup plus large, et permet encore de reconnaître les caractères de l'ouverture de trépanation, quand même l'érosion en aurait détruit le bord tranchant dans une largeur de plusieurs millimètres ; mais sur les crânes d'enfants il suffit d'une action érosive très-légère pour dénaturer entièrement les bords de l'ouverture, et pour donner à celle-ci toute l'apparence d'une perte de substance produite exclusivement par l'érosion. Ce ne serait que par hasard, à la faveur de conditions de gisement tout à fait exceptionnelles, qu'un crâne d'enfant trépané à l'époque néolithique pourrait nous présenter des indices certains de cette opération. L'absence des crânes trépanés en voie de cicatrisation et de réparation s'explique donc d'une manière très-satisfaisante, elle devient un fait tout naturel, presque nécessaire, si l'on admet que la trépanation se faisait chez les enfants, tandis que ce fait serait vraiment étrange si les nombreux crânes cicatrisés que nous possédons avaient été trépanés dans l'âge adulte.

J'ai déjà dit que les ouvertures de trépanation empiètent quelquefois sur deux os contigus, et qu'elles traversent, par conséquent, une suture. L'oblitération de la suture, au moins dans la partie qui avoisine immédiatement l'ouverture, serait la conséquence nécessaire d'une pareille opération pratiquée sur un adulte. On sait qu'à cet âge les sutures sont très-serrées, qu'elles sont très-disposées à se souder, et que tout travail d'irritation de quelque intensité et de quelque durée suffit pour provoquer cette soudure. L'oblitération est inévitable surtout lorsque la suture est comprise dans une plaie osseuse qui guérit par suppuration, car les bords des deux os se touchent directement sans membrane intermédiaire, et ne peuvent pas se cicatriser isolément. Chez l'enfant, la membrane intermédiaire, dernier vestige de la membrane des sutures, est déjà fort mince, mais elle existe encore, puisque c'est elle qui fait les frais de l'accroissement des os en largeur; la cicatrisation isolée des deux os adjacents est donc possible, et elle est favorisée par la distension que l'accroissement continu du cerveau fait subir à la paroi crânienne. Cela posé, je connais trois cas où l'ouverture de la trépanation traverse une suture qui n'est nullement oblitérée. L'un des sujets n'est âgé que de ving-cinq ans environ, et toutes ses sutures sont encore ouvertes (voy. plus haut fig. 7, p. 16). Les deux autres sont plus âgés, et la persistance de la suture au niveau de l'ouverture de trépanation est d'autant plus remarquable, que les effets de l'oblitération sénile se sont déjà montrés sur d'autres sutures. J'ai déjà figuré plus haut l'une de ces deux pièces (voir fig. 6, p. 15); la ligne de la suture coronale se prolonge sur toute la largeur du biseau cicatrisé jusqu'à son bord tranchant. Il est donc certain que ces trois sujets ont été trépanés dans leur enfance.

A ces preuves indirectes je puis joindre une preuve directe que m'a fournie tout récemment l'étude de l'un de nos crânes

trépanés. Ce crâne était déposé depuis 1874 dans le cabinet du
laboratoire, où il avait été examiné bien souvent par moi-même
et par un grand nombre de personnes, sans qu'on eût remarqué
qu'il était asymétrique; cette asymétrie, limitée à la région pariétale, ne frappait pas les regards, parce que le crâne est très-
incomplet; la région faciale manque, ainsi qu'une grande partie

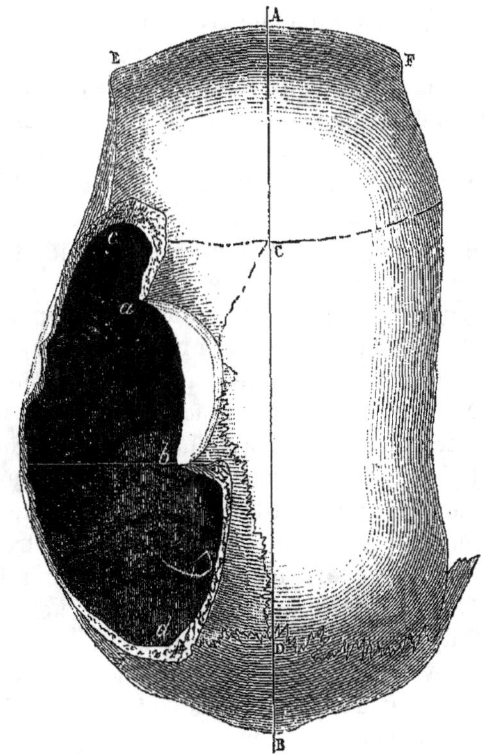

Fig. 11. Crâne perforé d'un dolmen dit *Cibournios*, donné par M. Prunières au musée
de l'Institut anthropologique. (Demi-nat.)—AB, ligne médiane du crâne, marquée par
un cordon passant en A sur la racine du nez, en C sur le bregma, en D sur le lambda,
en B sur l'inion. E, apophyse orbitaire externe gauche; F, la droite, brisée à sa base.
L'érosion posthume a détruit une grande partie de la face latérale droite. — *ab*, bord
falciforme, cicatrisé, de la trépanation chirurgicale pratiquée dans l'enfance sur le
bord sagittal du pariétal gauche. *ac*, *bd*, grandes échancrures de la trépanation posthume, pratiquée en avant et en arrière de l'ouverture cicatrisée. — La suture sagittale, au lieu de suivre la ligne médiane CD, a subi une forte déviation vers la
gauche.

des deux régions pariétales, la droite s'étant détruite dans le sol,
et la gauche ayant été enlevée par la trépanation chirurgicale et
par la trépanation posthume. En outre, le sujet est très-avancé
en âge; toutes les sutures sont plus ou moins soudées; la coronale

est tout à fait effacée ; la lambdoïde seule est encore bien dessinée ; quant à la sagittale, les sillons tortueux qui en indiquent la situation sont si peu profonds, que la mince patine noirâtre déposée à la surface du crâne suffisait pour les masquer entièrement. On n'avait donc pas pu s'apercevoir que cette suture était déviée. Mais il y a quelques jours, faisant exécuter, pour le présent travail, un diagramme de ce crâne, j'ai voulu déterminer le plan médian pour le présenter exactement au diagraphe, et j'ai été amené à chercher attentivement la situation de la suture sagittale ; un lavage fait avec soin, à l'aide d'une solution alcaline, m'a permis de la retrouver presque tout entière. On voit maintenant (voy. fig. 11) que cette suture n'est pas droite ; elle décrit, entre le bregma et le lambda, une courbe assez prononcée, dont la concavité est dirigée vers la ligne médiane, et dont la convexité est tournée vers le côté gauche, c'est-à-dire vers le côté trépané. Pour apprécier le degré de cette déviation, j'ai simulé une coupe médiane, à l'aide d'un cordon tendu de l'inion à la racine du nez, et passant par le lambda. J'ai reconnu ainsi que la partie moyenne de la suture est reportée à 12 millimètres à gauche de la ligne médiane.

Or, cette partie moyenne (plus rapprochée, toutefois, du bregma que du lambda) correspond précisément à l'ouverture de la trépanation chirurgicale ; les bords antérieur, postérieur et inférieur de cette ouverture ont été emportés par la trépanation posthume, mais le bord supérieur est intact ; il est long de 40 millimètres, et représente un peu moins du tiers d'une ellipse ; il est falciforme, parfaitement cicatrisé et aminci en un biseau tranchant, large de 10 à 13 millimètres. La base de ce biseau décrit ainsi une courbe beaucoup plus grande que son bord libre, et elle vient toucher en haut la suture sagittale, qui est heureusement très-visible à ce niveau. La trépanation a donc été faite sur la partie supérieure du pariétal gauche, de manière à atteindre le bord de cet os, sans entamer le pariétal droit, et il est tout à fait évident que la déviation de la suture a été la conséquence de l'opération. Cela prouve, sans réplique, que le sujet a été trépané à une époque où le travail de croissance des os du crâne était encore très-loin de son terme. On sait que ces os s'accroissent presque exclusivement par leurs bords ; le bord du pariétal gauche, atteint par la trépanation, a donc cessé de faire les frais du travail d'accroissement, et le bord du pariétal droit, n'étant plus arrêté par la résistance de l'os voisin, a pu se prolonger sur la région gauche du crâne. Nous avons ainsi la preuve irrécusable que la trépanation a été faite dans le jeune âge (1).

Mais cette asymétrie ne s'est produite qu'à la faveur d'une circonstance toute spéciale : si la perte de substance avait entamé le bord du pariétal droit, ou si elle s'était arrêtée à quelque millimètres du bord du pariétal gauche, le travail d'accroissement n'aurait pu nuire à la symétrie du crâne.

Il résulte des faits que je viens d'analyser que les sujets opéré étaient presque toujours des enfants. Je n'en conclus pas que la trépanation ne fût jamais pratiquée chez les adultes. Elle pouvait l'être à titre d'exception ; cela me paraît même assez probable, car les opérateurs de ce temps-là devaient être tentés quelquefois d'agrandir le domaine de leur art. Mais ce qui me paraît résulter de l'ensemble des faits connus jusqu'ici, c'est que la trépanation se faisait, sinon toujours, du moins presque toujours, à l'âge de l'enfance. On va voir que cette notion jette le plus grand jour sur toute l'histoire des trépanations néolithiques.

§ 5. DU PROCÉDÉ DE LA TRÉPANATION NÉOLITHIQUE.

Les procédés à l'aide desquels on peut pratiquer méthodiquement des ouvertures sur le crâne se réduisent à trois : la rotation, la section et le raclage.

J'ai déjà dit que, depuis les temps les plus reculés, les chirurgiens grecs ouvraient le crâne à l'aide d'un instrument tournant, appelé *le trépan*. L'origine de cette opération était déjà oubliée au temps d'Hippocrate, au cinquième siècle avant notre ère. Le trépan était un instrument métallique : il supportait tantôt une *couronne* dentée en scie, qui enlevait une rondelle en une seule pièce, tantôt une sorte de rabot tournant, appelé *l'exfoliatif*, qui enlevait l'os couche par couche. Le trépan à couronne n'a pu être construit qu'après la découverte des métaux ; mais le trépan exfoliatif pouvait très-bien dater de l'âge de la pierre, car une armature de silex, mise en rotation par la main ou par un archet, aurait toute la puissance nécessaire pour creuser un trou dans la paroi du crâne. Ce procédé de rotation à la main est encore employé par les bergers de la Lozère pour trépaner les moutons atteints de tournis. Il a été décrit par M. Prunières (2). Le ber-

(1) *Bulletins de la Société d'anthropologie*, séance du 7 décembre 1876.

(2) Prunières, *Sur les crânes perforés et les rondelles crâniennes*, dans *Association française*, volume de Lille, 1874, p. 623.

ger, assis, fixe entre ses genoux la tête du mouton, applique sur
le crâne de l'animal la pointe de son gros couteau, et imprime
au manche un mouvement de rotation en le roulant entre ses
mains. Rien de plus simple, comme on le voit ; et il est clair
que cet instrument grossier pourrait très-bien être remplacé
par un outil de silex. La trépanation par rotation ou par téré-
bration était donc certainement à la portée des opérateurs néolithiques.

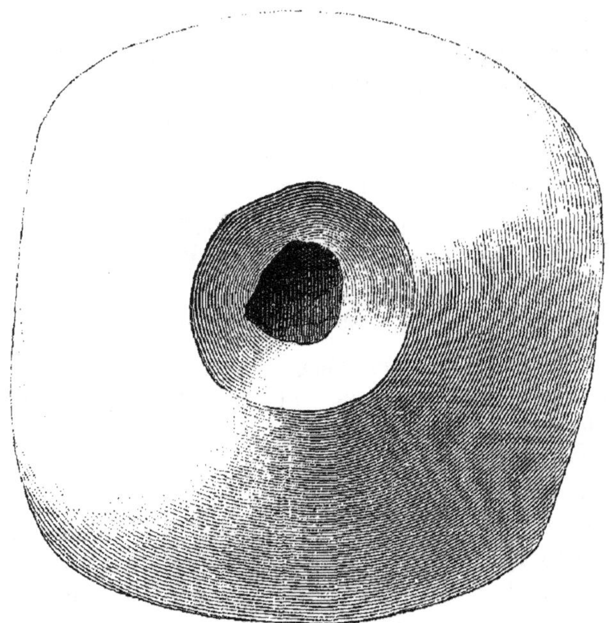

Fig. 12. Le crâne perforé du Puy-de-Dôme.

Mais ce procédé ne peut produire que des ouvertures parfaitement rondes, tandis que nos ouvertures chirurgicales sont elliptiques. En outre, les bords des ouvertures de trépan sont perpendiculaires à la surface des os, tandis que ceux des nôtres sont
taillés en un biseau toujours assez oblique. Ce dernier caractère
distinctif n'est sans doute pas absolu, car un trépan exfoliatif de
forme évasée, comme le couteau des bergers de la Lozère, donne
une perforation à bords un peu obliques ; c'est ce que l'on peut
voir sur un crâne qui a été trouvé dans les fouilles pratiquées
au sommet du Puy-de-Dôme, et qui est probablement le crâne
d'un moine du neuvième siècle (voir fig. 12) : mais la faible obli-

quité du biseau marginal, dont la coupe est représentée sur la figure 13, différencie entièrement cette ouverture de nos ouvertures néolithiques, dont la forme elliptique, je le répète, exclut complétement l'idée d'une perforation par rotation.

Le procédé de la section semble, au premier abord, plus acceptable. Les Kabyles de l'Algérie, qui pratiquent très-souvent la trépanation, se servent à cet effet de scies, à l'aide desquelles ils circonscrivent la pièce à enlever. M. le baron Larrey a montré, à l'Académie de médecine de Paris, les dessins de ces grossiers

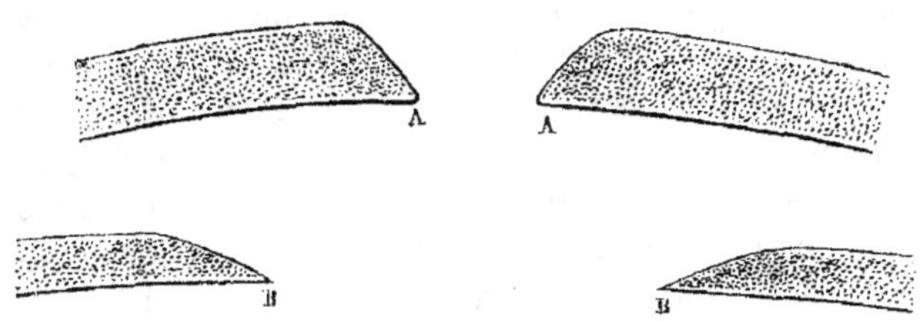

Fig. 13. A, coupe schématique de la perforation du crâne du Puy-de-Dôme.
B, *id.* d'une ouverture de la trépanation chirurgicale néolithique.

instruments (1). Je rappelle en outre que M. Squier a découvert, dans un ancien tombeau du Pérou, un crâne sur lequel la trépanation a été faite au moyen de quatre sections, qui se coupent à angle droit, de manière à circonscrire une pièce carrée (2). Les scies en silex de l'époque néolithique pouvaient, sans aucun doute, produire de pareilles sections, et nous savons, d'ailleurs, que c'était ainsi que l'on pratiquait la trépanation posthume. On a donc pu supposer que les trépanations chirurgicales se faisaient par le procédé de la section. On est même allé plus loin : certaines rondelles bien régulières, comme celle de Lyon et la rondelle à trou de M. de Baye, ont des dimensions peu différentes de celles des ouvertures chirurgicales ; d'après cela, quelques personnes se sont demandé si ces dernières n'étaient pas le résultat d'une opération destinée à tailler des amulettes dans le crâne de l'homme

(1) Voyez Amédée Paris, *Mémoire sur la trépanation céphalique, pratiquée par les médecins indigènes de l'Aouress*, Paris, 1873, brochure in-8° de 22 pages avec 1 planche.

(2) Broca, *Cas singulier de trépanation chez les Incas*, dans *Bulletins de la Société d'anthropologie*, 1867, p. 403-408, 2° série, t. II.

vivant. Le fait que la plupart des rondelles sont très-irrégulières réfute suffisamment cette hypothèse ; mais cela ne préjuge en rien la question des sections.

Nous pouvons étudier tout à notre aise le procédé de la section sur les nombreux crânes qui ont été trépanés après la mort. Les sections sont tantôt rectilignes, tantôt curvilignes, mais jamais elles ne présentent la courbe rapide que nous observons sur les ouvertures chirurgicales. Cela se conçoit aisément. Les scies et les tranchants sont droits, et tendent, par conséquent, à produire des sections planes ; la main qui les met en mouvement peut les forcer à tourner un peu et à décrire un arc de faible courbure ; mais, lorsqu'on veut changer de direction pour contourner un segment, on est obligé d'abandonner le premier trait de section et d'en commencer un autre, qui le coupe sous un angle plus ou moins ouvert (voir plus haut, fig. 4, p. 10). Les ouvertures faites par section sont donc polygonales. Elles ne peuvent être ni rondes ni elliptiques. Dans tout l'arsenal de l'anatomie et de la chirurgie modernes, il n'existe aucun instrument capable de détacher par section et d'enlever d'une seule pièce un segment elliptique, de manière à produire une perte de substance comparable à celles de nos crânes néolithiques. On pourrait, il est vrai, après avoir obtenu par section une ouverture polygonale, en retoucher et en arrondir les bords et en effacer les angles ; mais la lime, le couteau, la scie qu'on emploierait pour cela devraient pénétrer dans le crâne et broyer la substance cérébrale à un degré tel que l'opéré n'y survivrait pas ; d'ailleurs, on aurait beau arrondir les bords, on n'effacerait pas la trace des sections qui, au delà de chaque angle, se prolongent sous la forme de rigoles ou de *queues*, dans les couches superficielles de l'os adjacent. Ces queues sont longues et profondes sur l'ancien crâne péruvien dont j'ai déjà parlé, et qui a été trépané par section ; elles font entièrement défaut autour de nos ouvertures chirurgicales.

Ce n'est pas seulement la forme générale de ces ouvertures qui est incompatible avec le procédé de la section ; la disposition très-oblique de leurs bords ne l'est pas moins. Une scie, même médiocre, peut pénétrer dans les os du crâne suivant une direction quelque peu oblique, mais la plus parfaite de nos scies d'acier glisserait sur la table externe, ou la râperait seulement, si on lui donnait le degré d'inclinaison qui correspond à la grande obliquité du biseau de nos ouvertures de trépanation ; car la scie n'attaque pas l'os d'un coup soudain, violent, rapide, irrésistible, comme le fait le sabre d'un ennemi furieux.

Nous pouvons donc conclure en toute assurance que les trépanations néolithiques n'ont pu être faites ni par le procédé de la rotation ni par le procédé de la section. Il ne nous reste plus, dès lors, que le procédé du raclage.

C'est par le procédé du raclage que les habitants de certaines îles de la mer du Sud pratiquent la trépanation (1). Ils se servent aujourd'hui pour cela d'éclats de verre ; mais, avant de connaître le verre, ils employaient probablement des outils en silex. Cette opération peut être qualifiée de barbare ; elle a pourtant été longtemps usitée dans la chirurgie d'Europe. Le trépan exfoliatif n'en était, à vrai dire, qu'un dérivé ; et les rugines, les râpes, les grattoirs, remplaçaient souvent l'exfoliatif. Un auteur du dix-septième siècle conseille encore de traiter l'épilepsie par l'application d'un « cautaire » ou fonticule, obtenu « en descouvrant l'os, voyre, en râppant, en emportant la première table, *comme on le faict ordinairement* (2). »

L'opération du raclage peut être aisément répétée sur un cadavre quelconque, à l'aide d'un éclat de verre, et elle donne des ouvertures exactement pareilles à celles de la trépanation néolithique, quant à leur forme, quant à leurs dimensions et quant à l'obliquité de leurs bords. La forme est celle d'une ellipse dont le grand axe est dirigé dans le sens du raclage ; les dimensions pourraient être rendues très-grandes ; mais, si l'on veut éviter d'entamer le cerveau, il faut ne pas dépasser l'étendue des trépanations néolithiques ; les bords, enfin, sont disposés régulièrement en un biseau presque tranchant, dont l'obliquité est précisément celle que nous observons sur la plupart de nos ouvertures cicatrisées et de nos amulettes à bords cicatrisés. Ce résultat est d'autant plus significatif qu'il ne peut être obtenu par aucun autre procédé. L'opération, il est vrai, est longue et laborieuse, elle dure près d'une heure lorsque le crâne est dur et épais, et quoique l'exemple des insulaires de l'Océanie montre qu'elle n'excède pas la limite de la patience d'un opérateur et du courage d'un opéré,

____

(1) *Bulletins de la Société d'anthropologie*, 1874, p. 494.

(2) Jehan Taxil, *Traité de l'épilepsie, maladie vulgairement appelée au pays de Provence la goutette aux petits enfants*, Lyon, 1603, un gros vol. petit in-8°, p. 227.

on conçoit que la barbarie et la difficulté de ce procédé aient été invoquées comme une objection contre ma manière de voir.

Mais cette objection disparaît si l'on admet, conformément aux preuves que j'ai déjà exposées, que la trépanation fût pratiquée presque exclusivement sur les enfants, dont le crâne, beaucoup plus tendre et beaucoup moins épais, se laisse aisément et rapidement perforer par le raclage. En moins de cinq minutes, on obtient une ouverture régulière, elliptique, dont les dimensions sont *relativement* les mêmes que celles de nos ouvertures cicatrisées, quoiqu'elles soient absolument moindres, à cause de la petitesse du crâne et de la plus grande rapidité de sa courbure. Il est très-facile de ménager la dure-mère, et de se convaincre que l'opération, faite sur le vivant, aurait peu de gravité (1). Que l'on fasse ensuite intervenir, par la pensée, d'abord le travail de cicatrisation, puis le travail de l'accroissement du crâne, et l'on comprendra que cette ouverture deviendrait, à l'âge adulte, entièrement pareille, sous tous les rapports, à celles de nos trépanés néolithiques (2).

(1) J'ai présenté à la Société d'anthropologie, dans les séances de novembre 1876, des crânes d'adulte et d'enfant trépanés par raclage avec un éclat de verre. Les deux opérations avaient été faites avec le même morceau de verre. Sur l'adulte, dont le crâne était excessivement épais, l'opération avait duré cinquante minutes, y compris les temps de repos exigés par la fatigue de la main. Sur l'enfant, qui était âgé de deux ans, tout avait été terminé en quatre minutes.

(2) Pendant l'impression de ce travail, j'ai découvert, sur un crâne remarquable dont j'ai déjà parlé, la preuve directe que la trépanation chirurgicale avait été faite par le procédé du râclage. Ce crâne est celui qui a été représenté sur la figure 8 (voy. plus haut, p. 19). La trépanation, pratiquée pendant l'enfance sur la partie supérieure et interne du pariétal gauche, avait atteint le bord sagittal de cet os sans entamer le pariétal droit, et on a vu plus haut que, l'accroissement marginal du pariétal gauche ayant été arrêté à ce niveau, tandis que celui du pariétal droit se faisait sans obstacle, la suture sagittale avait subi une déviation de 12 millimètres vers la gauche. C'est ce qui résulte de la comparaison de la suture et de la ligne médiane du crâne, sur la face convexe des os. Or, du côté de la face concave, la déviation est beaucoup moindre ; elle est à peine de 6 millimètres. Sur cette face, la suture sagittale, comme d'ailleurs toutes les autres sutures, est entièrement effacée ; mais l'empreinte du sinus longitudinal supérieur, et la double série d'empreintes des glandes de Pacchioni, permettent de retrouver la ligne d'union des deux pariétaux et de reconnaître, par conséquent, la position qu'occupait la suture sagittale avant l'époque où elle a subi la soudure sénile. Cela posé, si, au niveau du point

Je crois donc pouvoir conclure que la trépanation se faisait par le procédé du raclage ; la grande facilité de ce procédé et son peu de gravité, chez les enfants, contrastent avec la difficulté et le danger qu'il devait présenter chez les adultes, et expliquent pourquoi les sujets opérés étaient des enfants.

N'existait-il pas d'autre procédé que celui du raclage ? Je n'oserais pas l'affirmer. M. Prunières a recueilli une pièce, jusqu'ici unique, qui l'a conduit à penser qu'on employait aussi quelquefois le procédé du forage par rotation. Voici cette pièce (fig. 14). C'est un fragment de pariétal, sur le bord sagittal duquel existe une échancrure entièrement cicatrisée, formant un arc de cercle bien régulier. Les bords de cette échancrure ne sont nullement obliques ; ils sont perpendiculaires à la surface de l'os, comme ceux des ouvertures produites par nos trépans modernes. L'échancrure représente environ le quart d'une ouverture ronde, qui s'étendait, à travers la suture sagittale, sur le pariétal du côté opposé, et qui, à en juger d'après la partie qui a été retrouvée, devait avoir de 20 à 23 millimètres de diamètre. Cette ouverture se distingue donc complétement des autres par ses dimensions, qui sont beaucoup plus petites, par sa forme, qui est ronde, et par ses bords, qui sont perpendiculaires ; et *si elle est chirurgicale*, si, en outre (ce qu'on ignore), elle était aussi ronde et aussi régulière dans la partie perdue que dans celle qui a été re-

où la suture sagittale présente, sur la face externe, une déviation latérale de 12 millimètres, on applique l'une des extrémités d'un compas d'épaisseur à pointes aiguës, sur le trajet profond de la suture sagittale, on voit que l'autre pointe du compas, abaissée sur la face convexe, vient se placer, non pas sur le trajet superficiel de la suture, mais sur le milieu de l'intervalle de 12 millimètres qui existe entre celle-ci et la ligne médiane, représentée sur la surface du crâne par un trait de crayon. Ainsi, tandis que, du côté de la table externe, le pariétal *droit* a empiété de 12 millimètres sur la moitié gauche du crâne, il n'a empiété que de 6 millimètres du côté de la table interne ; cela prouve que l'accroissement marginal du pariétal *gauche*, supprimé dans les couches superficielles de cet os, par suite de la trépanation, a continué, en partie du moins, dans les couches profondes. Par conséquent, la perte de substance chirurgicale qui, sur la table externe, s'étendait jusqu'à la suture sagittale, s'était arrêtée, sur la table interne, à une distance notable de la suture, laissant subsister une marge suffisante pour faire les frais du travail d'accroissement. Il est clair maintenant que l'opération n'a pu être faite que par le procédé du raclage, car aucun autre procédé n'aurait pu produire, sur le crâne mince d'un enfant, une section aussi oblique.

trouvée, il faut admettre qu'elle a été produite par un instrument tournant, suivant un procédé plus ou moins analogue à celui des bergers de la Lozère, rappelé à cette occasion par M. Prunières. — Mais est-elle réellement chirurgicale? C'est ce qui est bien loin

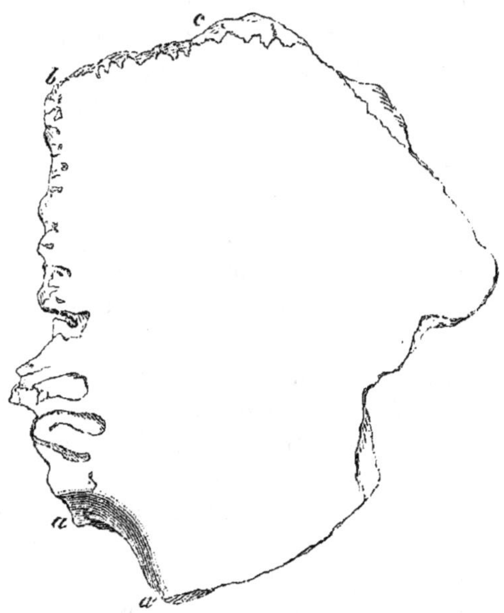

Fig. 14. Fragment crânien de pariétal droit provenant du dolmen de l'Aumède (Lozère); coll. Prunières, gr. nat. *ab*, bord sagittal; *bc*, bord coronal; *aa'*, échancrure cicatrisée à bord perpendiculaire. Le reste de la circonférence du fragment est limité par des bords irrégulièrement cassés.

d'être démontré. Si nous avons pu établir que nos ouvertures elliptiques sont chirurgicales, c'est parce que nous avons pu en observer et en comparer un grand nombre, et parce que la constance de leurs caractères nous a révélé l'intervention d'un procédé méthodique. A n'en voir qu'une seule, nous serions restés dans le doute, car le hasard est grand, et les causes des perforations sont multiples et très-diverses. Or, la pièce dont il s'agit ne peut être comparée à aucune autre, puisqu'elle est unique dans son genre, et il est impossible de prouver qu'elle ne soit pas fortuite (1).

Il n'est donc, jusqu'ici, nullement prouvé que les trépanateurs néolithiques aient employé le procédé de rotation. Il est certain,

(1) On trouvera une discussion plus complète de ce fait dans les *Bulletins de la Société d'anthropologie*, 2° série, t. XI, p. 241, 4 mai 1876.

en tous cas, que ce procédé ne pouvait être que très-exceptionnel,
et que le vrai procédé de ce temps-là était celui du raclage.

§ 6. SOLIDARITÉ DE LA TRÉPANATION CHIRURGICALE
ET DE LA TRÉPANATION POSTHUME.

J'ai déjà cité en passant plusieurs faits d'où il résulte que les
sujets sur lesquels on pratiquait la trépanation posthume étaient
choisis parmi ceux qui avaient subi autrefois la trépanation chirurgicale. Il n'est pas inutile, néanmoins, de réunir ici les preuves sur lesquelles repose cette proposition importante.

La plupart des fragments crâniens, plus ou moins travaillés,
que nous désignons sous le nom de rondelles, et qui servaient
d'amulettes, présentent sur l'un de leurs côtés un bord concave,
régulier, falciforme, aminci en biseau, parfaitement cicatrisé,
et qui a fait évidemment partie de l'ouverture d'une ancienne
trépanation chirurgicale. Le reste de leur circonférence présente,
dans une partie ou dans la totalité de son étendue, des indices
certains de sections fraîches. Ce dernier caractère prouve que
les rondelles ont été obtenues par la trépanation posthume, et
l'autre caractère, celui du bord cicatrisé, prouve qu'elles ont été
taillées dans le crâne d'un individu qui avait été trépané longtemps
avant sa mort. Il y a, il est vrai, quelques rondelles dont le bord
n'est [nullement cicatrisé. Leur circonférence tout entière est
taillée en plein dans l'épaisseur d'un os tout à fait normal. Mais
ces cas sont incomparablement plus rares que les autres, et il est
fort possible qu'ils n'en diffèrent pas essentiellement; car si l'on
débitait en amulettes les parties du crâne qui entouraient les ouvertures cicatrisées, c'est qu'on attribuait aux parois de ces
crânes des propriétés particulières, et, dès lors, il est permis de
supposer que, tout en choisissant de préférence les bords des ouvertures, on pouvait quelquefois prolonger les sections posthumes
sur d'autres parties des mêmes crânes.

Quoi qu'il en soit, la très-grande majorité des amulettes ont été
taillées dans des crânes autrefois trépanés. C'est un fait tout à fait
incontestable, et qui nous suffit parfaitement.

La démonstration de ce fait découle, d'ailleurs, bien plus clairement encore de l'examen des crânes soumis à la trépanation
posthume; les pertes de substance qu'on y observe présentent
ordinairement, dans une partie de leur étendue, un bord falci-

forme, dû à une ancienne trépanation chirurgicale ; leurs autres
bords sont taillés par des sections posthumes.

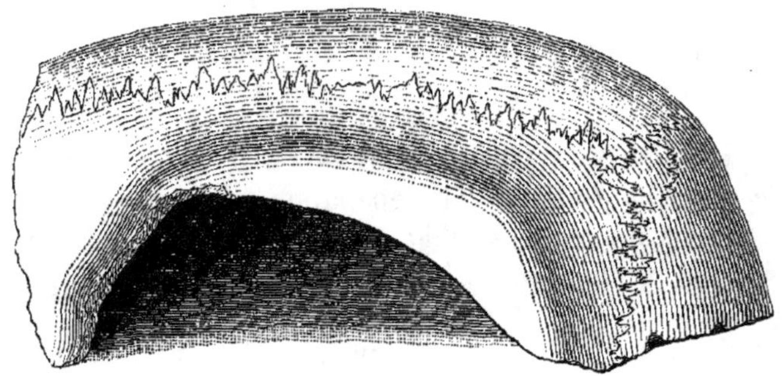

Fig. 15 Fragment de crâne provenant du dolmen des Aiguières (Lozère); collection Prunières. Gr. nat. Grande échancrure sur le pariétal gauche. La partie postérieure de
l'échancrure a fait partie d'une ouverture de trépanation chirurgicale ; sa partie antérieure est due à une trépanation posthume.

Il n'est pas nécessaire, pour constater ce fait, d'avoir sous les
yeux l'ouverture entière. Un simple fragment donne quelquefois

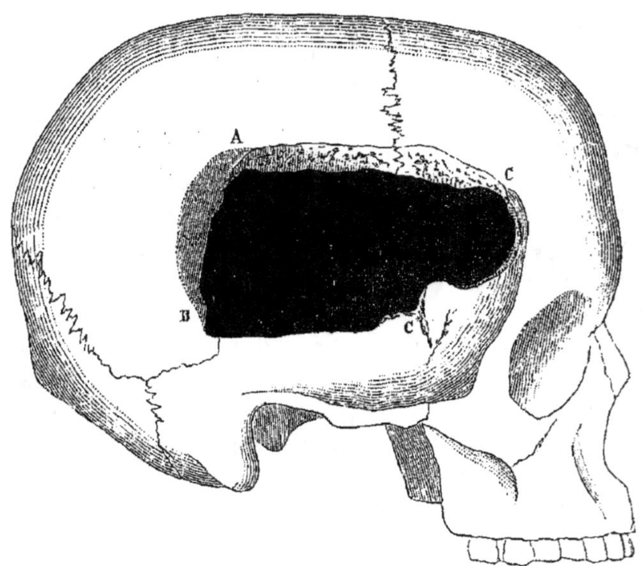

Fig. 16. Crâne n° 19 de la caverne de l'Homme-Mort (Lozère) : coll. Prunières.
Demi-nat. Le bord *AB* est falciforme et cicatrisé (trép. chirurg.) ; les bords *AC, CC*
sont sciés ou coupés (trép posthume).

une preuve décisive. Tel est celui qui est représenté figure 15.
Il comprend une partie du pariétal gauche, du pariétal droit et

de l'écaille occipitale. La suture lambdoïde et la suture sagittale
y sont très-visibles. Le pariétal gauche présente une large échancrure, limitée dans sa partie postérieure par un bord falciforme et
cicatrisé, dans sa partie antérieure par un bord nettement coupé.
Les cas où l'ouverture est entière sont plus rares. En voici deux,
cependant. L'un (fig. 16) est le numéro 19 de la caverne de
l'Homme-Mort. L'ouverture occupe la plus grande partie de la région temporo-pariétale, et empiète en outre sur l'écaille de l'os
frontal jusqu'à la crête temporale, c'est-à-dire jusqu'à la limite
du front proprement dit. En avant, en haut, en bas, la section

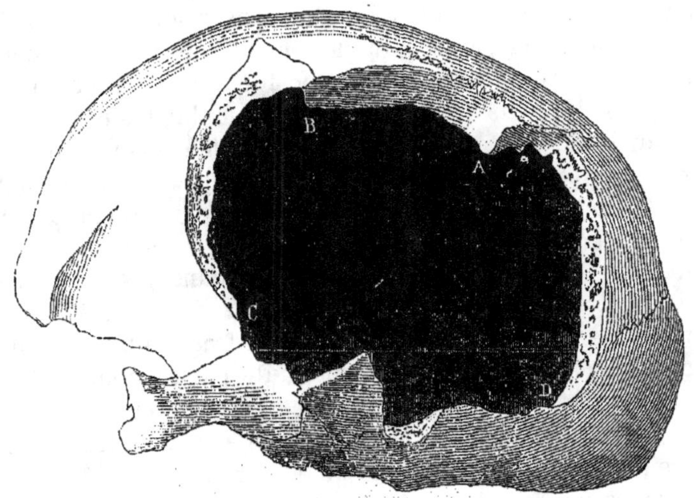

FIG. 17. Crâne provenant de l'un des dolmens appelés *Cibournios* ou *tombeaux des Poulacres*. Donné par M. Prunières au musée de l'Institut anthropologique. Demi-nat.
AB, bord cicatrisé (trép. chirurg.); *BC*, *AD*, bords sciés ou coupés après la mort
(trép. posthume).

est posthume, avec des bords perpendiculaires ou peu obliques;
mais en arrière l'ouverture est limitée par un bord falciforme et
cicatrisé, qui a fait partie d'une ouverture de trépanation. L'autre
crâne est plus curieux encore; c'est celui que j'ai déjà mentionné
plus haut, et sur lequel la déviation de la suture sagittale a été
constatée (voir p. 28, fig. 11). L'ouverture, ici, est vraiment immense (voir fig. 17).

Sur le milieu de sa partie supérieure existe un bord cicatrisé,
tranchant, concave, long de 4 centimètres. Cette portion de l'ancienne ouverture chirurgicale a été seule conservée, le reste a
été emporté par des sections posthumes multiples, qui ont dû

fournir un assez bon nombre d'amulettes, car la perte de substance est assez grande pour simuler l'ouverture d'un crâne taillé en coupe (la partie cicatrisée du bord paraissant préparée par un polissage posthume pour faciliter l'application des lèvres d'un buveur).

Dans les trois cas qui précèdent, on peut assister, pour ainsi dire, au travail de la fabrication des amulettes. Pourquoi l'opérateur a-t-il respecté une partie de l'ouverture chirurgicale? Est-ce seulement parce qu'il avait déjà satisfait à toutes les demandes d'amulettes, et qu'il jugeait superflu de pousser plus loin l'opération? ou est-ce qu'on voulait que le crâne conservât, dans une autre vie, le témoignage précieux et glorieux de l'ancienne trépanation? J'incline vers cette dernière supposition, mais elle ne serait valable que si les faits du même genre se multipliaient, et on conçoit qu'ils doivent se retrouver très-difficilement, car les crânes mutilés par d'aussi vastes pertes de substance se brisent aisément dans le sol; il est donc rare de pouvoir reconstituer l'ouverture entière, ce qui est nécessaire pour savoir si elle présente le caractère mixte constaté dans les trois cas précédents. Le plus souvent, il faut le dire, les traces de l'ouverture posthume ne se retrouvent que sur des fragments isolés, où l'on voit une échancrure marginale produite par section, les autres bords étant simplement brisés. Ces pièces, qui sont nombreuses, prouvent que l'on dépeçait souvent les crânes des morts; on ne peut avoir la preuve directe qu'elles proviennent d'individus trépanés pendant leur vie; mais cette preuve résulte de l'étude de certains cas où l'ouverture, entièrement conservée, est en partie coupée, en partie cicatrisée, et elle résulte surtout, comme on l'a vu plus haut, de l'étude des amulettes.

Je ne quitterai pas ce sujet sans rappeler que les ouvertures posthumes, quelque étendues qu'elles soient, ne dépassent jamais la limite du front proprement dit. Cette remarque ne repose pas seulement sur les cas où l'on a pu reconstituer l'ouverture complète, mais encore sur les cas bien plus nombreux où l'on n'a retrouvé que des fragments plus ou moins échancrés. Aucune de ces échancrures artificielles n'entame la partie de l'os frontal qui forme le front. Pourquoi évitait-on si soigneusement de mutiler le visage? N'était-ce pas parce que le mort était appelé à une autre vie, où il fallait qu'on pût le reconnaître? Cette explication paraîtra plausible si je parviens à démontrer, comme j'espère le faire tout à l'heure, que nos ancêtres néolithiques croyaient à une autre vie.

En résumé, les trépanations posthumes se faisaient ordinairement et peut-être même exclusivement sur les sujets qui avaient survécu longtemps à la trépanation chirurgicale. Ceux-ci n'étaient pas nécessairement soumis à l'opération posthume, puisque l'on trouve un assez grand nombre d'ouvertures chirurgicales parfaitement intactes. C'est probablement parce que la famille s'opposait souvent à la mutilation du cadavre; peut-être aussi ne se décidait-on à pratiquer les sections posthumes que lorsque le nombre des amulettes en circulation ne suffisait pas aux besoins de la tribu.

§ 7. BUT DE LA TRÉPANATION POSTHUME. — DESCRIPTION DES AMULETTES CRANIENNES.

Le but de la trépanation posthume était évidemment la fabrication des pièces que j'ai désignées par anticipation sous le nom d'amulettes crâniennes. Méritaient-elles ce nom? C'est ce qu'il s'agit d'examiner, et pour cela il faut d'abord les décrire plus amplement que je ne l'ai fait jusqu'ici.

Elles se divisent en deux groupes que l'on peut appeler : les *amulettes régulières* et les *amulettes irrégulières*. Ces deux types sont tellement dissemblables, qu'on a pu supposer qu'ils se rattachaient à deux pratiques entièrement différentes; mais, si l'on tient compte de toute la série des faits, on arrive à reconnaître que cette supposition est inexacte.

1° Les *amulettes régulières* sont très-rares. Elles ont été retouchées avec soin et arrondies par un polissage marginal, toujours pratiqué de la même manière. Ce sont les *rondelles proprement dites*. Elles sont plutôt elliptiques que rondes. Leur bord, taillé en biseau aux dépens de la table externe, mais beaucoup moins oblique que celui des ouvertures de trépanation chirurgicale, n'est nulle part cicatrisé; il est criblé d'un grand nombre de petits trous, constitués par les aréoles du tissu spongieux du diploé. Il a été obtenu d'abord au moyen de sections qui étaient à peu près perpendiculaires à la surface de l'os; on a ensuite régularisé et arrondi le contour; puis, ménageant la table interne, on a abattu circulairement la carre superficielle, pour produire le biseau; et enfin on a patiemment usé ce biseau par frottement de manière à le polir autant que possible et à émousser parfaitement l'angle obtus qu'il faisait avec la table externe; mais l'angle aigu qu'il faisait avec la table interne est resté intact, et celle-ci dès lors se dessine sous la forme d'un bord fin, presque tranchant, qui constitue la plus grande circonférence de la rondelle (voy. plus haut, p. 2, fig. 1 et 2, la rondelle de Lyon).

Que la fabrication de ces rondelles proprement dites fût soumise à des règles fixes, c'est ce qui est incontestable, car le travail est exactement le même sur la « rondelle de Lyon », qui provient d'un dolmen de la Lozère, et sur la rondelle que j'ai vue au château de Baye (voy. plus haut, p. 5), et qui provient d'une caverne sépulcrale de la Marne, à 500 kilomètres de la Lozère. Mais ces deux pièces, d'ailleurs exactement pareilles, diffèrent l'une de l'autre par un caractère important, car la rondelle de Baye est percée d'outre en outre d'un trou de suspension, tandis que celle de Lyon est imperforée.

Les rondelles régulières étaient nettoyées avec le plus grand soin, et débarrassées, par le lavage ou par la macération, du suc médullaire et des vaisseaux contenus dans les aréoles et les canalicules du tissu osseux. On peut s'en assurer en les comparant avec les autres crânes ou fragments de crânes trouvés dans les mêmes sépultures. Elles sont parfaitement propres et d'un blanc jaunâtre, comme les anciens ossements qui ont été inhumés dans un sol tout à fait sec. Sous ce rapport, la rondelle de Baye ne diffère en rien des crânes et ossements qui l'entouraient, et qui s'étaient conservés, à l'abri de l'humidité, dans des grottes artificielles à parois calcaires. Mais dans les dolmens de la Lozère les conditions de la conservation étaient toutes différentes. Les os de ces dolmens ont le plus souvent dans leur épaisseur, comme à leur surface, une coloration foncée, quelquefois presque noire. Le crâne dans lequel était contenue la rondelle de Lyon, et celui qui renfermait la rondelle régulière décrite et figurée plus loin, p. 47, fig. 22, présentaient à un même degré cette couleur noirâtre, qui leur était commune avec les autres crânes des mêmes sépultures, — et cependant les amulettes en question étaient d'un blanc jaunâtre très-pur. Cela prouve qu'elles avaient été débarrassées à l'avance des matières organiques qui existaient dans les autres os, et qui, en se décomposant au contact des principes chimiques contenus dans le sol de la sépulture, avaient produit une matière colorante noirâtre. Quant aux rondelles irrégulières, dont la description va suivre, elles n'étaient pas l'objet des mêmes soins, car elles sont ordinairement de la même couleur que les os trouvés auprès d'elles.

2° Les *amulettes irrégulières*, auxquelles le nom de rondelles n'a

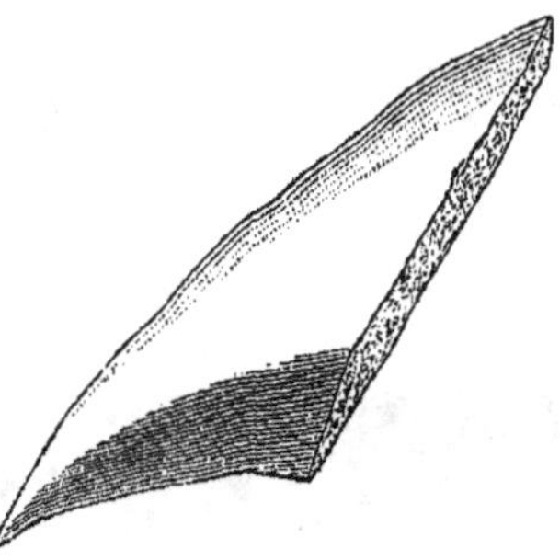

Fig. 18. Amulette irrégulière de forme triangulaire. Le bord gauche, qui est le plus court, est falciforme et cicatrisé. Les deux autres bords sont coupés. Gr. nat.

été appliqué que par extension, et par une convention de langage

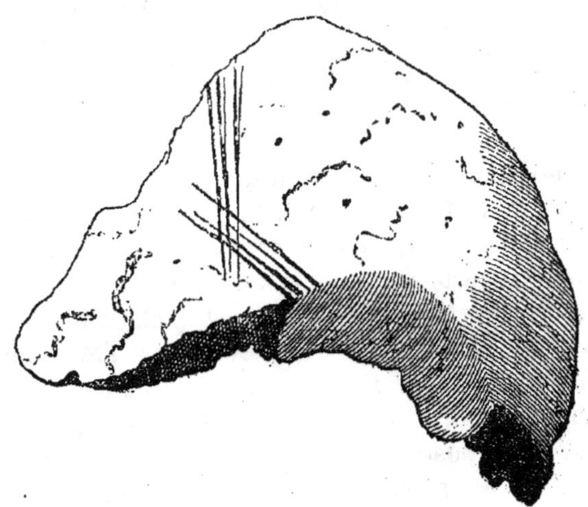

Fig. 19. Amulette à bord falciforme, provenant du dolmen de la Galline (Lozère). M. Prunières. Gr. nat. La partie la plus claire du bord concave est taillée en un biseau mince, falciforme et cicatrisé. Le reste de la circonférence de l'amulette a été taillé par sections posthumes.

qui exige une certaine complaisance, diffèrent entièrement des précédentes. Elles sont toujours irrégulières, anguleuses, et présentent les formes et les dimensions les plus diverses. Leur plus grand diamètre peut être inférieur à 35 millimètres (fig. 21), ou atteindre 75 millimètres (fig. 19). Elles sont tantôt plus ou moins triangulaires (fig. 18 et 19), tantôt plus ou moins rectangulaires (fig. 20) ou trapézoïdes. D'autres fois enfin, leur forme générale

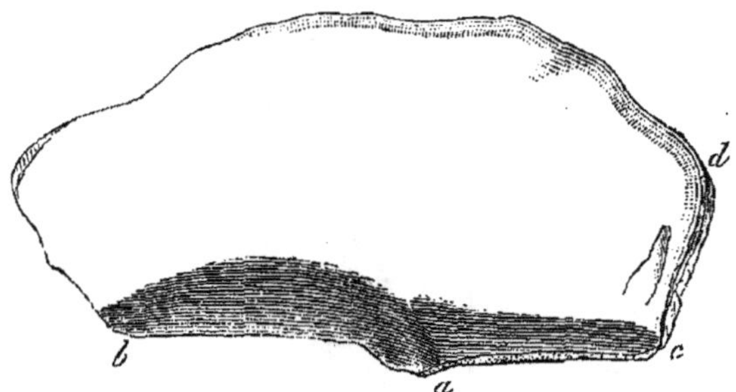

Fig. 20. Amulette irrégulière de forme quadrilatère, provenant du dolmen de l'Aumède. Gr. nat. Coll. Prunières. Le bord *ab* est falciforme et cicatrisé ; le bord *ac* paraît cicatrisé aussi, mais il est quelque peu dénaturé par l'érosion posthume. Le bord *cd* est coupé. Sur le reste de la circonférence du fragment, de *d* en *b*, le bord a été dénaturé par l'érosion posthume, et on ne peut savoir s'il était scié ou cassé. Il semble résulter de cette pièce que les bords *ab* et *ac* auraient fait partie de deux ouvertures de trépanation chirurgicale empiétant l'une sur l'autre, soit que la première, étant jugée insuffisante, eût été agrandie immédiatement, soit que, la maladie ayant persisté après la première opération, une seconde opération eût été pratiquée au bout de quelque temps. Mais l'état du bord *ac* n'est pas assez bien caractérisé pour rendre cette conclusion certaine.

échappe à toute description. Toujours, à la seule exception du cas représenté sur la figure 21, un de leurs bords est concave, falciforme, aminci en biseau, parfaitement cicatrisé, et a fait partie d'une ancienne ouverture de trépanation chirurgicale. Le reste de leur pourtour est très-variable. Il est quelquefois nettement coupé dans toute son étendue, la pièce ayant été entièrement détachée par section (fig. 19). D'autres fois l'un des bords est dentelé naturellement, et a fait partie d'une suture (fig. 21) ; on a poussé les sections posthumes jusqu'au bord de l'os trépané, et, pour économiser le temps, on a détaché la pièce en profitant de la suture. Cela prouve qu'on n'attachait aucune importance à ce procédé de fabrication ; tous moyens étaient bons, pourvu que l'amulette fût prise sur le bord d'une ouverture cicatrisée. Il est probable même qu'on ne se gênait pas pour abréger quelquefois le travail en joignant au procédé de la section celui de la fracture, car le bord de quelques amulettes est formé en partie par section, en partie par fracture. On peut, il est vrai, se demander, en pareil cas, si la fracture a été réellement faite par l'opérateur. Il serait possible qu'elle se fût produite accidentellement dans le sol. Il serait possible encore que l'amulette eût été entièrement détachée par section, et que plus tard son possesseur en eût cassé un fragment pour le céder à une autre personne.

Fig. 21. Amulettes à encoches de suspension, provenant du dolmen de *la Cave des fées* (Lozère). M. Prunières. Gr. nat. Le bord droit a fait partie d'une suture; le bord inférieur est cassé; les deux autres bords sont coupés.

Cette subdivision ultérieure des amulettes résulte de l'examen de la pièce trapézoïde représentée sur la figure 21, et déjà mentionnée plus haut.

Je rappelle que le bord droit faisait partie d'une suture; le bord supérieur et le bord gauche sont nettement coupés, tandis que le bord inférieur est cassé. Ici, il est parfaitement certain que la fracture ne s'est pas produite accidentellement dans le sol, et qu'elle a été faite pendant qu'on se servait encore de l'amulette, car après la fracture on a fait une encoche artificielle assez profonde sur le bord cassé; une autre encoche a été entaillée sur le bord opposé; enfin, on a uni ces deux encoches par un sillon superficiel creusé dans la table externe, et destiné à recevoir un cordon de suspension. Cela prouve que l'amulette, quoique subdivisée par fracture, avait conservé ses propriétés imaginaires. Cette pièce remarquable est jusqu'ici la seule amulette irrégulière qui ne soit cicatrisée sur aucun de ses bords; peut-être le fragment qui en a été détaché présentait-il le caractère du bord cicatrisé, commun à toutes les autres amulettes irrégulières; mais puisque nous savons, par cet exemple, que la propriété attribuée aux amulettes crâniennes ne résidait pas exclusivement dans leur bord cicatrisé, qu'on pouvait par conséquent les tailler dans une partie du crâne plus ou moins éloignée de l'ouverture, nous devons nous demander pourquoi les amulettes cicatrisées sont si communes, tandis que les amulettes non cicatrisées sont si rares. C'est probablement parce que ces précieux fragments étaient un objet de commerce, parce que les acheteurs voulaient avoir la preuve que l'amulette provenait bien réellement d'un crâne trépané, et parce que l'authenticité de cette provenance ne pouvait être établie que par la présence du bord falciforme et cicatrisé.

Toutes les amulettes irrégulières dont j'ai parlé jusqu'ici présentent au moins sur une partie de leur bord des traces de section qui permettent d'en déterminer la nature avec certitude ; mais ces traces de section font souvent défaut ; car le plus léger degré d'érosion posthume suffît pour les effacer ; cette érosion agit plus aisément sur le tissu spongieux ouvert par la section, que sur le reste de l'os ; elle altère donc souvent les bords coupés, tandis que le bord cicatrisé, formé par un tissu très-compacte, échappe bien plus longtemps à son action. D'autres fois toute la pièce, à l'exception du bord falciforme cicatrisé, est circonscrite par des fractures très-irrégulières qui pourraient s'être produites dans le sol. Dans l'un et l'autre cas, la pièce n'est caractérisée que par son bord falciforme ; cela suffit pour prouver qu'elle a fait partie d'une ancienne ouverture de trépanation, mais il n'en résulte pas nécessairement qu'elle ait servi d'amulette, car il pourrait se faire que ce fût simplement le débris d'un de ces crânes trépanés qu'on inhumait sans les dépecer.

On ne peut donc considérer avec certitude comme des amulettes que les pièces qui présentent au moins sur l'un de leurs bords des traces de section.

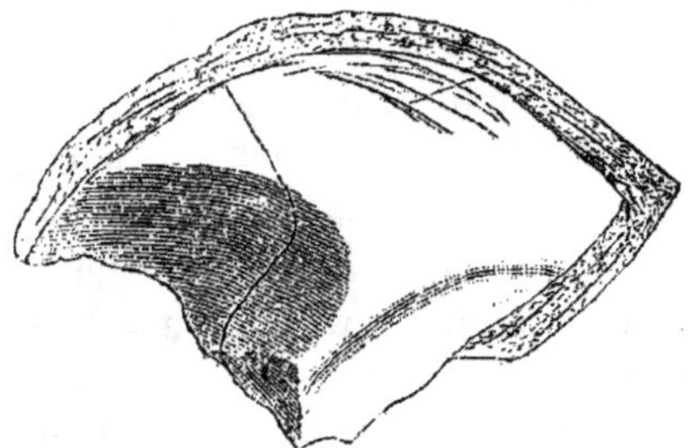

Fig. 22. Amulette à demi régulière, trouvée à l'intérieur d'un crâne perforé des *Cibournios* ou *Tombeaux des Poulacres*. Le bord gauche est falciforme et cicatrisé. Le bord supérieur a été arrondi et façonné avec soin, comme la circonférence des amulettes régulières. L'angle de droite et une partie du bord qui y aboutit sont cassés.

J'ai décrit successivement les amulettes régulières et les amulettes irrégulières. Elles sont si différentes qu'on a peine à croire que ce soient des objets de même nature, si l'on songe surtout que celles-ci proviennent de crânes anciennement trépanés, celles-là pouvant avoir été taillées dans un crâne quelconque. Mais voici heureusement un fait qui tranche la difficulté.

M. Prunières possédait déjà depuis plusieurs années le crâne perforé représenté sur la figure 17 (p. 40, et plus loin fig. 26, p. 66), lorsque la question des perforations crâniennes fut portée, en 1874, devant la Société d'anthropologie. Je le priai de m'envoyer ce crâne, dont il m'avait déjà communiqué le dessin. Pour cela, il le débarrassa de la terre qui en remplissait toute la cavité. L'opération fut très-laborieuse, car le crâne était très-fragile, et la terre, très-durcie, ne put être enlevée que miette à miette, à l'aide d'un crochet à broderie. Le crâne était déjà en grande partie déblayé, lorsque l'instrument heurta sur un fragment osseux, que M. Prunières retira avec les plus grandes précautions. C'était la belle rondelle représentée sur la figure 22.

Cette pièce remarquable participe à la fois de la nature des rondelles régulières et de celle des amulettes irrégulières. Elle peut être comparée à un croissant; son bord concave, falciforme, aminci, en biseau très-oblique, a fait partie d'une ancienne ouverture de trépanation chirurgicale; et son bord convexe, beaucoup moins oblique, bien arrondi, poli, est exactement pareil au bord circulaire des rondelles proprement dites. — Lorsque l'on compare cette amulette avec la rondelle de Lyon (fig. 1 et 2, p. 2), il est impossible de méconnaître que le travail est *identique* sur les deux pièces, et l'on n'a pas oublié que la rondelle de Lyon a été trouvée, elle aussi, dans l'intérieur d'un crâne largement ouvert par la trépanation posthume.

Il est donc certain que les rondelles régulières et les rondelles irrégulières servaient aux mêmes usages, qu'elles étaient de même nature, qu'elles se rattachaient aux mêmes croyances, aux mêmes pratiques. Si quelques-unes étaient retouchées et polies avec soin, c'était purement accessoire; c'était un luxe que se donnaient quelques individus, et on sait que de tout temps il a été permis d'appliquer le luxe aux objets de piété. Mais la plupart restaient à l'état brut, parce que, de tout temps aussi, les pauvres ont été plus nombreux que les riches.

Quelques amulettes étaient portées au cou; on le reconnaît aux dispositions qui étaient faites pour faciliter l'application d'un cordon de suspension. C'était tantôt un trou, comme sur la rondelle de M. de Baye, tantôt deux encoches marginales et un sillon

comme sur l'amulette trapézoïde de M. Prunières (fig. 21). On
recourait indifféremment à ces deux procédés, ainsi que le
montre l'amulette représentée sur la figure 23. En face du bord
gauche, *a*, qui est falciforme et cicatrisé, on a pratiqué sur le
bord droit une section concave *b*, et il en est résulté un étranglement sur lequel on a pu fixer solidement le lien de suspension. Mais, avant de se décider à appliquer ce procédé, on avait voulu appliquer l'autre ; on avait essayé de creuser un petit trou central de forme losangique, circonscrit par quatre petites sections très-nettes ; on avait ainsi percé la table externe et pénétré dans le diploé ; puis on avait changé d'idée, et on avait eu recours à un autre moyen.

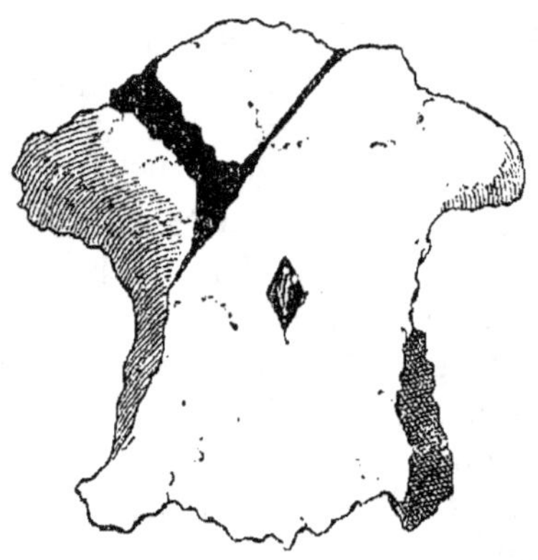

Fig. 23. Amulette irrégulière préparée pour la suspension. Coll. Prunières. Gr. nat.

Mais les amulettes façonnées de manière à pouvoir être suspendues sont assez rares. Les autres se portaient sans doute dans
la poche, ou dans un pli de vêtement, et leur fréquence dans les
sépultures néolithiques prouve qu'on les inhumait avec les corps
de ceux qui les avaient portées pendant leur vie.

J'ai dû décrire avec quelques détails les amulettes crâniennes,
afin de pouvoir procéder à la recherche des propriétés qu'on leur
attribuait. Ces propriétés ne tenaient ni à tel ou tel os, ni à telle ou
telle région du crâne, puisque les amulettes sont prises indistinctement dans tous les os de la voûte du crâne, à l'exception de la
région du front proprement dit ; elles ne tenaient pas davantage à
la forme, si variable, des amulettes, ni à leur volume, ni à la nature
du travail, car la section, la désarticulation, la fracture, le polissage, tout était bon. Elles tenaient donc à la substance même du
crâne, et non pas d'un crâne quelconque, mais de certains crânes
tout spéciaux, de ceux qui avaient subi autrefois l'opération de la
trépanation chirurgicale, et qui sans doute n'y avaient été soumis
que dans un but thérapeutique. Cela permet de croire que les
propriétés des amulettes crâniennes se rapportaient principalement à la préservation de certaines maladies, et spécialement
des maladies qui étaient traitées par la trépanation. Rien de plus

conforme d'ailleurs aux superstitions de tous les peuples. Mais on ne porte pas seulement les amulettes pour se préserver des maladies ; on les porte aussi pour se préserver de l'influence des mauvais esprits. Ces deux indications, au surplus, peuvent se confondre en une seule, dans les cas si nombreux où l'influence mystique que l'on redoute est de celles auxquelles on attribue la production de certaines maladies. La nature des propriétés des amulettes crâniennes sera donc déterminée, si nous parvenons à découvrir la nature des maladies que l'on traitait par la trépanation.

§ 8. BUT DE LA TRÉPANATION CHIRURGICALE.

Les faits qui précèdent ont suffisamment établi que les individus qui avaient survécu à la trépanation chirurgicale, devenaient par là même l'objet d'une superstition toute particulière, puisqu'à leur mort on faisait des reliques de leurs crânes. Il est donc naturel de penser que ces individus étaient considérés dans leur tribu comme ayant un caractère de sainteté, et c'est la première idée qui s'est présentée à mon esprit. Je me suis demandé si ⎡la trépanation n'était pas une *cérémonie d'initiation* à la sainteté de quelque sacerdoce, et le fait que l'opération se pratiquait presque exclusivement chez les enfants venait à l'appui de cette hypothèse, qui n'était nullement contraire à la psychologie des peuples barbares (1). Mais une initiation qui aurait exigé une pareille opération, n'aurait pu être que très-exceptionnelle ; la sainteté ⎡ne saurait être trop fréquente ; en devenant banale, elle s'atténue, elle perd tout son prix, et on n'y attache plus assez d'importance pour l'acheter si cher. Cette idée, qui m'était venue lorsque les faits étaient encore peu nombreux, m'a donc paru de plus en plus invraisemblable lorsqu'ils se sont multipliés. N'oublions pas d'ailleurs que les deux sexes étaient indistinctement soumis à la trépanation, ce qui constituerait une difficulté de plus. — Pour expliquer la très-grande fréquence de cette opération, il faut autre chose qu'un but d'ambition sacerdotale ; il faut un but d'utilité immédiate, et puisqu'un si grand nombre de familles se décidaient à faire opérer leurs enfants, ce ne pouvait être que

---

(1) J'ai exposé cette idée dans les *Bulletins de la Société d'anthropologie*, 1874, 2ᵉ série, t. IX, p. 199.

pour les soustraire à un danger, qui pouvait d'ailleurs être plus ou moins imaginaire.

Ceci nous conduit donc à admettre que la trépanation néolithique était faite dans un but thérapeutique. Mais lequel? Dans notre chirurgie actuelle, les indications du trépan se rapportent presque exclusivement à des maladies chirurgicales, savoir : aux blessures de la tête et aux maladies des os du crâne ; car on a renoncé à traiter par ce moyen, comme on le faisait encore il n'y a pas bien longtemps, certaines maladies médicales, telles que l'épilepsie spontanée. La première question est donc celle de savoir si la trépanation néolithique n'était pas destinée à traiter ces cas chirurgicaux où nous savons qu'elle est réellement efficace. Cette opinion mérite d'être discutée, puisqu'elle a préoccupé un homme aussi autorisé que M. Prunières. M. Prunières reconnaît avec moi que la trépanation se faisait surtout pour des maladies médicales, mais il est disposé à croire que dans l'origine elle avait été inventée pour combattre les accidents des fractures du crâne avec enfoncement, — que l'idée en était venue à la suite de certains cas où l'on avait vu le délire ou des convulsions, produits par des esquilles enfoncées dans le cerveau, se dissiper après l'ablation de ces esquilles, — et qu'après avoir d'abord trépané les individus blessés à la tête, on avait ensuite, par extension, trépané aussi les individus atteints de toute espèce de délire, d'affections convulsives et de folie (1). L'analogie des symptômes de ces diverses maladies aurait conduit à reconnaître qu'elles avaient toutes leur siége dans le cerveau, et à leur appliquer dès lors une thérapeutique commune. La pratique de la trépanation aurait donc procédé de l'observation, ce qui supposerait de la part des praticiens néolithiques des notions physiologiques, des idées médicales et des principes scientifiques bien au-dessus de leur portée. Je pense pour ma part que ce qui les a inspirés, ce n'est pas l'observation, mais la superstition.

L'absence constante de tout vestige d'anciennes fractures autour des ouvertures de trépanation, et l'intégrité constante de la région frontale, que les fractures n'auraient pas respectée, exclut l'idée que les opérations aient été faites pour cause traumatique ; et si plus tard on venait à découvrir quelques exceptions

(1) Prunières, *Mémoire sur les crânes perforés*. Congrès de Lille, 1874, p. 626.

à cette règle, si l'examen d'une ou de plusieurs nouvelles pièces prouvait que l'on trépanait aussi par exception, les individus blessés à la tête, loin de considérer cette indication comme primitive, je croirais au contraire qu'elle n'est venue que tardivement, lorsque les opérateurs, habitués depuis longtemps à traiter par la trépanation les affections convulsives spontanées, se seraient avisés d'appliquer la même opération au traitement des accidents convulsifs de certaines plaies de la tête.

M. Prunières a encore supposé, — mais avec la plus grande réserve, — que certaines trépanations avaient été faites dans le but de guérir des caries ou des exostoses des os du crâne, en enlevant les parties malades. Il s'est basé sur l'examen d'une perforation au voisinage de laquelle l'os était altéré (1). Mais je crois avoir prouvé que cette altération était l'effet d'une érosion posthume, et non d'une maladie de l'os (2).

Je dois ajouter cependant qu'il existe des traces d'ostéite et de périostite sur une pièce découverte par M. Gassies, de Bordeaux, dans une station préhistorique, à Entreroches (département de la Charente). C'est un fragment de pariétal dont la partie moyenne présente des lésions dues à une inflammation chronique de l'os, et dont la partie postérieure a été excisée par une trépanation *posthume* (voy. fig. 24). Nous savons déjà que la trépanation posthume se faisait habituellement, peut-être même exclusivement, sur les sujets soumis autrefois à la trépanation chirurgicale ; il est donc probable que la rondelle enlevée après la mort aboutissait à une ouverture cicatrisée, et l'existence d'une maladie du tissu osseux sur une partie du crâne peu éloignée du siége de l'ancienne opération chirurgicale, constitue

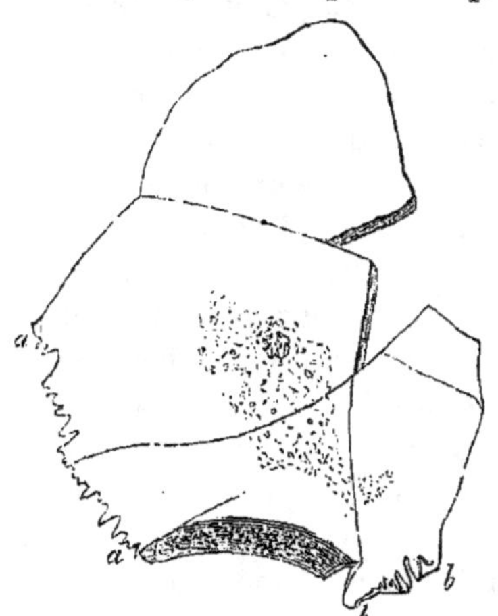

Fig. 24. Fragment de pariétal trouvé par M. Gassies sous l'abri d'Entreroches (Charente). Musée de Bordeaux. Gr. nat. *aa*, suture sagittale; *bb*, suture lambdoïde; *ab*, échancrure de trépanation posthume sur l'angle lambdoïdien du pariétal.

(1) *Bulletins de la Société d'anthropologie*, 16 mars 1876, p. 152.
(2) Même volume, p. 243-247.

un fait digne d'attention. Mais ce fait, auquel il manque d'ailleurs une preuve directe, — puisqu'il n'est pas démontré que la trépanation posthume fût toujours invariablement associée à la trépanation chirurgicale, — ce fait, dis-je, est unique jusqu'ici, et il est permis de se demander s'il n'est pas dû à une simple coïncidence. Il n'y a pas de raison pour qu'un individu guéri de la trépanation soit à jamais soustrait aux chances communes des maladies; il y a même une raison pour que l'ostéite traumatique provoquée par la trépanation laisse après elle dans l'os opéré une périostite et une vascularité exagérée, de nature à favoriser le développement d'une inflammation chronique de cet os, sur un individu d'une constitution défectueuse. Le fait unique de M. Gassies est donc très-loin de prouver la réalité de l'hypothèse de M. Prunières. Il est certain d'ailleurs que dans tous les autres cas le tissu des os trépanés est dans un état d'intégrité parfaite; quand même cette règle souffrirait quelques exceptions, elle ne cesserait pas d'être très-générale, et cela nous suffit, car ce que nous cherchons, c'est le but *ordinaire* de la trépanation, et non les applications plus ou moins exceptionnelles que l'on pouvait faire de cette opération. Or, il ressort clairement des faits que ce but ordinaire ne se rapportait ni au traitement des fractures du crâne, ni à celui des maladies des parois crâniennes, ni à aucune indication locale. On comprendrait d'ailleurs difficilement que des maladies visibles et tangibles eussent donné lieu à la pratique superstitieuse des trépanations posthumes et des amulettes crâniennes. Ce qui engendre la superstition, c'est l'inconnu, ce sont les maladies inexpliquées, dont les causes latentes sont attribuées à des influences divines ou diaboliques.

Parmi ces maladies, l'épilepsie et les convulsions de toute sorte tiennent le premier rang. Elles ont toujours eu le privilége d'exciter l'épouvante, et de faire naître la croyance aux *possessions*. L'intervention d'un agent surnaturel paraît d'autant plus évidente que certains individus déploient dans leurs mouvements convulsifs une force infiniment supérieure à leur force ordinaire. Il n'y a qu'un esprit emprisonné dans le corps qui puisse produire de tels effets. Il s'agite, il s'irrite dans sa prison; si on pouvait lui ouvrir la porte, il s'échapperait, et le malade serait guéri. C'est ainsi qu'à dû naître l'idée de la trépanation préhistorique, et on va voir que cette hypothèse explique tous les faits d'une manière très-satisfaisante.

Elle explique en premier lieu la hardiesse de l'opération. On ne se serait pas hasardé à tenter une pareille entreprise, et on n'aurait trouvé personne pour s'y soumettre, si le mal n'eût été effrayant, et quoi de plus effrayant qu'une convulsion épileptique ou épileptiforme?

Elle explique en second lieu la fréquence de la trépanation. Nous connaissons aujourd'hui sous le nom d'épilepsie une affection qui, sans être rare, est heureusement peu commune; mais il n'y a pas bien longtemps que la médecine sait distinguer cette épilepsie proprement dite des autres affections convulsives, qui sont incomparablement plus fréquentes. J'ai déjà eu l'occasion de citer le livre de Jehan Taxil, publié à Lyon en 1603. Il est intitulé : *Traicté de l'épilepsie, maladie vulgairement appelée la goutette aux petits enfants;* l'auteur étudie, d'ailleurs, cette maladie chez les adultes aussi bien que chez les enfants. Or, l'épilepsie, dans la très-grande majorité des cas, même lorsqu'elle est héréditaire, débute après l'âge de dix ans, souvent beaucoup plus tard, et quoique les « petits enfants » soient loin d'en être exempts, il ne viendrait aujourd'hui à l'idée de personne de la décrire sous un pareil titre. Si donc Taxil a pu croire que cette affection sévissait avec une fréquence toute particulière sur les petits enfants, c'est parce qu'il l'a confondue, comme beaucoup d'autres avant lui et même après lui, avec les convulsions de l'enfance. — Tout le monde sait que celles-ci sont très-communes, surtout pendant la dentition, qu'elles sont le plus souvent mortelles lorsqu'elles sont dues à la méningite, mais que dans les autres cas elles n'ont qu'une gravité immédiate assez légère. Moins avancés encore que les médecins du dix-septième siècle dans la science du diagnostic, les opérateurs néolithiques ne voyaient dans ces diverses affections convulsives qu'une seule maladie, produite par une même cause, et demandant le même traitement. Ils trouvaient dès lors très-fréquemment l'occasion de pratiquer leur opération; ils n'arrachaient pas à la mort les sujets atteints de méningite; les autres pouvaient survivre, et parmi eux les vrais épileptiques restaient sans doute le plus souvent épileptiques. Mais ceux qui n'avaient que des convulsions simples pouvaient guérir radicalement, et témoigner pendant toute leur vie de l'efficacité de l'inutile opération qu'ils avaient subie. Ces succès illusoires, sans lesquels la pratique de la trépanation n'aurait pu se maintenir et se répandre au loin, c'était surtout chez les enfants qu'on pouvait les obtenir, puisque les convulsions simples et passagères ne s'observent guère qu'à cet âge. Les affections convulsives des adultes, dues à des causes plus persistantes, ne se prêtaient pas à de semblables illusions ; et on comprendrait très-bien qu'après avoir tenté la trépanation chez des sujets de tout âge, on ne l'eût conservée que là où elle semblait réussir, c'est-à-dire chez les enfants.

Notre hypothèse explique donc d'une manière satisfaisante la grande fréquence de la trépanation préhistorique, et la jeunesse habituelle, peut-être même constante, des sujets opérés.

Elle explique encore, et elle explique seule pourquoi les crânes des sujets trépanés étaient considérés comme sanctifiés, et pourquoi on en faisait des amulettes après la mort des sujets ; ce n'était pas le fait même de l'opération qui pouvait leur donner leur caractère de sainteté, c'était la nature mystique de la maladie que l'opération avait guérie. Le crâne où un esprit avait habité, l'ouverture à travers laquelle il était sorti, étaient marqués d'un sceau surnaturel ; et les reliques qui en provenaient devaient avoir la propriété de porter bonheur, de conjurer les mauvais esprits, et en particulier de préserver les individus et les familles du mal terrible auquel le sujet trépané avait si heureusement échappé.

Cette explication est parfaitement conforme aux croyances populaires de tous les temps et de tous les pays. Partout les maladies convulsives ont été attribuées aux esprits, aux dieux, aux démons, aux influences mystiques. Hippocrate écrivit son beau *Traité de la maladie sacrée* pour combattre ce préjugé ; et il le fit sans le moindre succès, car au temps d'Aristote l'épilepsie s'appelait encore le *mal d'Hercule* (1). Le mot *épileptique* signifie : « saisi d'en haut ». Les Latins nommaient l'épilepsie *morbus major* (2) ; au moyen âge ce fut le *mal Saint-Jean*, le *mal d'en haut*, le *haut mal*, et ce dernier nom est encore très-usité dans le peuple. Les démoniaques de l'Evangile sont des épileptiques ; pour les guérir, il faut chasser les esprits qui s'agitent dans leur corps, et parfois, à la suite de ce miracle, on voit les esprits malins se réfugier dans le corps des animaux qui se trouvent à leur portée. La croyance aux possessions s'est perpétuée jusqu'à nos jours ; l'Eglise a tou-

(1) Aristotelis *Problemata*, sect. 30, quæst. 1.

(2) Celse, lib. III, cap. XXIII. Les Romains appelaient aussi l'épilepsie *morbus comitialis*, parce qu'il fallait fermer les comices lorsque l'un des assistants tombait en convulsions ; c'était un signe de la colère des dieux.

jours ses cérémonies d'exorcisme. Taxil, au dix-septième siècle, consacre tout un chapitre à prouver que les démoniaques sont épileptiques (1). Tout le monde connaît l'histoire des convulsionnaires, qui fut prise au sérieux en plein dix-huitième siècle, et qui s'est plusieurs fois reproduite de notre temps. Ces superstitions populaires, que nous voyons autour de nous, surtout dans nos campagnes, fleurissent bien plus encore chez les peuples incivilisés. Ce ne sont pas seulement les affections convulsives qu'ils attribuent aux esprits : ce sont toutes les maladies qui troublent l'intelligence. Les idiots et les fous sont chez eux l'objet d'un respect mêlé de crainte ; mais ils vénèrent surtout les épileptiques, dont les mouvements effrayants et désordonnés témoignent de l'agitation de l'esprit emprisonné dans le corps.

Ainsi la croyance aux possessions et à l'influence des esprits sur les maladies convulsives se retrouve partout, et elle devait exister sans doute chez les hommes de l'époque néolithique, car il n'est pas probable qu'ils eussent des notions physiologiques plus exactes que les Grecs anciens et que nos paysans modernes.

L'idée d'attribuer des propriétés particulières à certains objets bénits, à certaines reliques, n'est pas moins générale. Ces propriétés concernent souvent la prophylaxie de certaines maladies, et souvent encore il y a un rapport d'analogie entre la nature de la maladie dont on veut se préserver, et la nature de la substance de l'amulette. Ainsi, aujourd'hui encore, dans la Calabre, le peuple croit qu'une dent d'animal, percée d'un trou, et suspendue au cou des enfants, ou attachée à leurs langes, conjure les accidents de la dentition.

Il est donc très-plausible d'admettre que les hommes néolithiques aient attribué à la substance des crânes trepanés une propriété prophylactique relative à la maladie que la trépanation était censée guérir, c'est-à-dire à l'influence des mauvais esprits, manifestée sous forme de convulsions. C'est peut-être de là que vint plus tard l'usage médicinal de la substance du crâne humain dans le traitement de l'épilepsie. On en usa et abusa pendant tout le moyen âge, et même après la Renaissance. On citait le crâne des momies égyptiennes (mumnia) comme l'un des remèdes les plus efficaces contre l'épilepsie. Taxil recommande contre cette

---

(1) Taxil, *loc. cit.*, p. 149-159, liv. I, chap. VII, intitulé *Que les démoniaques sont épileptiques.*

affection un grand nombre de recettes, où figurent tantôt la *ra-clure*, tantôt la poudre, tantôt la cendre du crâne humain ; on en fait des emplâtres appliqués sur la suture coronale, des potions, des pilules, et aussi des nodules ou saccules suspendus au cou, suivant la pratique de Sylvius (1). Les os supplémentaires connus aujourd'hui sous le nom d'os wormiens avaient à cet égard une réputation toute spéciale ; on préférait surtout l'os lambdoïdien triangulaire, dont l'antique réputation venait peut-être de sa ressemblance avec les amulettes crâniennes. Dans les pharmacies du dernier siècle, il y avait toujours un flacon intitulé : *Ossa wormiana*, pour le traitement des épileptiques. De la propriété prophylactique à la propriété curative, il n'y a qu'un pas, et il n'est nullement impossible que l'usage médicinal du crâne humain ait été la transformation de l'usage mystique des amulettes crâniennes.

Quant à l'idée de traiter les affections convulsives par la trépanation, ce n'est pas seulement chez les hommes néolithiques que nous la retrouvons. Qu'elle soit née d'une doctrine plus ou moins mystique ou de toute autre conception, peu importe ; nous savons qu'elle est encore en faveur chez certains insulaires de l'Océanie, chez les Kabyles, et aussi, dit-on, chez les montagnards du Monténégro. Cette indication a même été acceptée jusqu'au dernier siècle (2) par un certain nombre de praticiens formés dans nos

---

(1) Taxil, *loc. cit.*, p. 208, 213, 215, 217, 260. J'ai déjà parlé des saccules (voyez plus haut, p. 6).

(2) Cette indication est encore admise aujourd'hui, mais seulement dans les cas où l'épilepsie est la conséquence d'une fracture du crâne avec enfoncement. Les fragments dirigés vers la cavité crânienne peuvent produire, en blessant les membranes ou le cerveau, des accidents convulsifs immédiats dits épileptiformes. L'ablation de ces fragments est alors nécessaire. Elle s'obtient au moyen de la trépanation. J'ai fait cette opération avec succès sur un blessé que j'ai présenté à la Société de chirurgie de Paris (*Bulletins de la Société de chirurgie*, 1866, t. VII, p. 508). D'autres fois la fracture avec enfoncement ne donne lieu à aucun accident convulsif immédiat ; mais l'irritation lente produite par les fragments enfoncés provoque des accidents ultérieurs, et le blessé, qui paraissait bien guéri, devient épileptique. Cette épilepsie, de cause traumatique, qui, d'ailleurs, peut être tout à fait semblable à l'épilepsie spontanée, est susceptible de guérir par la trépanation pratiquée sur le siége de l'enfoncement. On en trouvera un exemple remarquable dans les *Bulletins de la Société d'anthropologie*, 4 juillet 1876, p. 383 (cas de M. T. Briggs). Quant à la trépanation des malades atteints d'épilepsie spontanée, elle est rejetée par tous les chirurgiens modernes.

écoles d'Europe. Comment avait-elle fait son entrée dans la médecine? On l'ignore. Hippocrate, Galien, les auteurs anciens, les Arabes, les arabistes n'en avaient point parlé ; c'était sans doute une de ces pratiques populaires que les empiriques de bas étage se transmettent et qui finissent quelquefois par s'introduire dans la thérapeutique. Ce même Taxil que j'ai déjà cité plusieurs fois, est au nombre des auteurs qui ont admis la trépanation dans le traitement de l'épilepsie. J'ai reproduit ailleurs (voy. plus haut, p. 34) le passage où il conseille d'appliquer un fonticule sur la suture bregmatique, « en rappant, en emportant la première table ». Mais, après avoir signalé les inconvénients des opérations pratiquées sur les sutures (2), il ajoute p. 229 : « En faisant le cautaire ailleurs, rappant l'os, y appliquant la trépane exfoliative, voyre profondant iusques à la dure-mère mesmes, tu ne feras courir au malade aucune fortune. » Il n'est pas sans intérêt de remarquer que l'opération commençait par un raclage de la table externe, et se terminait par l'application d'un trépan exfoliatif qui agissait encore en raclant. Il y a donc vraiment beaucoup d'analogie entre cette opération et celle des temps néolithiques, et cette analogie est d'autant plus remarquable qu'au temps de Taxil la trépanation ordinaire se pratiquait avec le trépan à couronne. Pourquoi trépanait-on autrement les épileptiques ? Ne serait-ce pas parce qu'il avait été une époque où la raclure de leur crâne avait été employée comme un remède spécial contre l'épilepsie? Et cette époque ne se relierait-elle pas, à travers la suite des siècles, à celle où l'on attribuait de hautes vertus aux amulettes crâniennes?

Le but que je crois pouvoir assigner aux trépanations préhistoriques est donc conforme aux croyances et aux pratiques que nous retrouvons chez beaucoup de peuples, et même chez des peuples certainemeut plus éclairés que ne pouvaient l'être les peuples néolithiques.

M. Prunières, tout en reconnaissant que le traitement des affections convulsives était le but le plus ordinaire de la trépanation préhistorique, est disposé à admettre que le même traitement s'appliquait aussi aux idiots et aux aliénés. Cela n'est sans doute pas impossible, d'autant que l'idiotisme et l'aliénation mentale coïncident bien souvent avec l'épilepsie, mais il me paraît bien probable que l'opération s'adressait principalement aux enfants agités

---

(1) On sait que jusqu'au dix-huitième siècle les chirurgiens ont défendu de trépaner sur les sutures.

par des convulsions, car ce sont surtout les attaques convulsives qui conduisent à l'idée des possessions.

Mon collègue M. le docteur Magitot a attiré mon attention sur un détail qui ne manque pas d'intérêt. La fréquence des affections convulsives chez les enfants est un des arguments que j'ai invoqués. Cette fréquence est bien réelle aujourd'hui, mais on croit qu'elle est plus grande chez les civilisés que chez les sauvages, et il y a lieu de se demander dès lors si les enfants de l'époque néolithique étaient sujets, comme les nôtres, aux convulsions. En posant cette question, M. Magitot a indiqué le moyen de la résoudre.

On sait que les convulsions de l'enfance, lorsqu'elles ont une certaine gravité et une certaine durée, laissent une empreinte ineffaçable sur les couronnes des dents permanentes en voie de développement ; la formation de l'émail est suspendue ou entravée, et lorsque les dents ont achevé leur éruption, le trouble passager de la dentition s'y manifeste sous la forme d'un sillon transversal ou d'une série de petits trous disposés en ligne horizontale, au niveau desquels l'émail fait défaut. Les traces indélébiles des convulsions de l'enfance ne se montrent ordinairement que sur les canines et les incisives. M. Magitot m'a donc demandé si ces traces se retrouvaient sur les canines et les incisives des individus soumis à la trépanation préhistorique ?

Je n'ai pu lui répondre, car les crânes trépanés que j'ai pu examiner sont privés de leurs canines et de leurs incisives, et le plus souvent même de leurs mâchoires. J'ajoute, et sur ce point j'ai le regret de ne pas partager l'opinion de mon collègue, j'ajoute, dis-je, qu'une affection convulsive ne laisse pas nécessairement son empreinte sur les dents en voie de formation. M. Magitot pense qu'une seule convulsion suffit pour produire cet effet ; je pense tout autrement ; un trouble nerveux capable d'arrêter la dentification à un degré suffisant pour interrompre la continuité de l'émail, doit avoir une certaine durée, et il se traduit par des convulsions plusieurs fois réitérées. Il est donc possible que certains sujets aient été trépanés pour cause de convulsions, sans que leurs dents canines et incisives aient conservé la trace de l'affection convulsive. J'ajoute encore que les convulsions de l'enfance, lorsqu'elles ne sont dues ni à la méningite ni à l'épilepsie, sont presque toujours provoquées par l'éruption des dents. Or, il n'y a que celles qui surviennent au moment de l'éruption des incisives de lait qui peuvent entraver la formation de l'émail des incisives et des canines permanentes ; celles qui accompagnent si souvent l'éruption des molaires et des canines de lait ne produisent rien de semblable, parce qu'alors la couronne des incisives et des canines permanentes est déjà achevée. Je rappelle enfin que les attaques de la vraie épilepsie, quelque intenses et quelque précoces qu'elles soient, ne troublent pas le travail de la dentition. Il résulte de ces diverses remarques qu'un très-grand nombre de sujets trépanés ont dû être exempts des altérations dentaires spéciales dont il s'agit.

Mais la question posée par M. Magitot m'a conduit à chercher si les affections convulsives de l'enfance existaient à l'époque néolithique. J'ai donc examiné un grand nombre de dents isolées provenant des sépultures de cette époque. En réunissant aux pièces du musée de l'Institut anthropologique d'autres pièces déposées provisoirement dans le laboratoire par M. Chauvet, et provenant des sépultures néolithiques de la Charente, j'ai pu obtenir un total de cent deux dents canines et incisives permanentes. Sur ce nombre, deux présentaient de la manière la plus manifeste l'érosion spéciale qui caractérise les convulsions de l'enfance. Ce sont deux incisives, appartenant à deux individus différents. Il y en a une troisième sur laquelle l'existence de la même lésion est très-probable, quoiqu'elle soit rendue moins évidente par des altérations posthumes. On remarquera que les dents altérées par les convulsions sont beaucoup moins solides que les autres, et qu'elles sont très-exposées à se briser au niveau du sillon transversal de l'émail, ce qui anéantit les traces de la lésion. En voici d'ailleurs la preuve directe : l'érosion caractéristique des convulsions est rarement limitée à une seule dent ; elle occupe en général les quatre dents incisives médianes ; elle existe en outre très-souvent sur les quatre incisives latérales ; et souvent enfin elle existe aussi sur les canines. Chacune des incisives érodées que j'ai retrouvées était donc très-probablement accompagnée de plusieurs autres dents altérées de la même manière, et si celles-ci ne les accompagnent pas aujourd'hui, c'est parce qu'elles se sont brisées et dénaturées dans le sol.

La proportion des cas d'érosion dentaire spéciale est donc nécessairement moindre dans les anciennes sépultures qu'elle ne l'était dans la population correspondante. En tenant compte de cette circonstance dans l'interprétation de mon relevé, M. Magitot estime que la fréquence des convulsions de l'enfance à l'époque néolithique n'était pas moindre qu'aujourd'hui, et je dois le remercier d'avoir soulevé une question qui a tourné à l'avantage de mon opinion sur le but des trépanations préhistoriques.

Aux faits de trépanation complète viennent s'ajouter d'autres faits qui méritent quelque attention.

Les plaies de tête compliquées de décollement du péricrâne produisent ordinairement la mortification de la table externe de l'os ; celle-ci se détache, ou, comme on dit, *s'exfolie* au bout de quelque temps, laissant une perte de substance superficielle qui finit par se cicatriser. Sur les crânes qui ont subi autrefois cette exfoliation, on aperçoit une surface déprimée, recouverte d'une cicatrice compacte, mais mamelonnée et peu régulière. On en trouve un certain nombre d'exemples dans toutes les collections craniologiques, sur des crânes de tous les pays et de toutes les époques.

Mais j'ai été frappé de la fréquence de cette lésion sur les crânes néolithiques, et je me suis préoccupé surtout des cas où la perte de substance de la table externe présente la forme elliptique et les dimensions des ouvertures de trépanation chirurgicale. L'un des crânes de Baye, l'un des crânes de l'Homme-Mort, et l'un des deux crânes extraits par M. le général Faidherbe des dolmens de Roknia (1), en fournissent des exemples remarquables, et la grande ressemblance de ces trois faits m'a conduit à penser qu'ils n'étaient pas fortuits. Dans les trois cas, la cicatrisation est complétement parachevée, et le tissu osseux environnant est revenu à son état le plus normal, comme si la lésion traumatique datait de l'enfance. Notre musée possède en outre un quatrième cas où cette date est tout à fait certaine (voy. fig. 25). C'est le crâne d'un homme adulte âgé de quarante ans au moins, dont la suture sagittale est en partie oblitérée. Il a été extrait par M. Prunières de l'un des dolmens de la Lozère. Sur la partie droite et postérieure de ce crâne existe une assez grande surface déprimée et cicatrisée qui repose sur la table interne de l'os, qui empiète par moitié sur l'écaille occipitale et sur le pariétal, et qui est traversée dans une étendue de plus de 4 centimètres par la branche droite de la suture lambdoïde. Celle-ci n'est nullement oblitérée, et nous pouvons en conclure,

(1) Il y a dans le musée de Bone un grand nombre de crânes provenant des dolmens de Roknia, mais je n'ai pu en examiner que deux, apportés à Paris par le général Faidherbe.

pour les motifs qui ont déjà été exposés ailleurs (plus haut, p. 27),
que la perte de substance a été produite à une époque où la membrane fibro-cartilagineuse de la suture avait encore une notable
épaisseur, qu'elle date par conséquent de l'enfance. Mais quelle

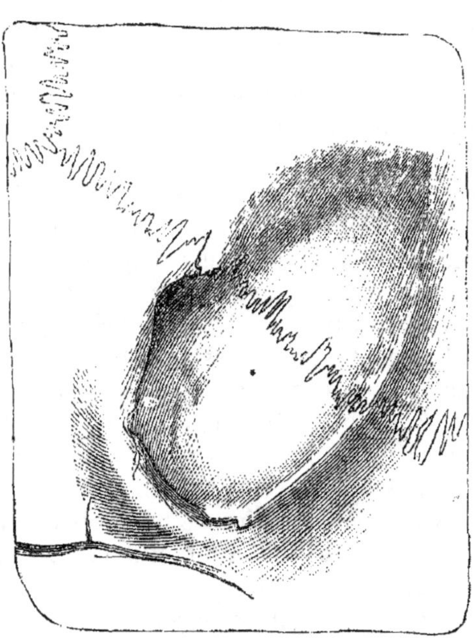

Fig. 25. Région pariéto-occipitale droite du crâne n° 18 de la série des dolmens de la
Lozère. Musée de l'Institut d'anthropologie. Donné par M. Prunières. Gr. nat. La
grande surface irrégulièrement elliptique sur laquelle la table externe a été enlevée
par le raclage est recouverte d'une cicatrice peu régulière, mais très-ancienne et très-
compacte. Elle est traversée par la branche droite de la suture lambdoïde, qui n'est
nullement oblitérée.

a pu être la cause de cette perte de substance, qui comprend toute
la table externe et toute l'épaisseur du diploé? Une plaie de tête
compliquée de décollement du péricrâne aurait-elle pu la produire? Non, car à l'âge où la membrane de la suture est encore
épaisse, le péricrâne des deux os voisins vient y adhérer très-so-
lidement, de sorte que le décollement et l'arrachement du péricrâne ne peut franchir la suture pour se prolonger d'un os à l'autre.
Le décollement pathologique du péricrâne par un abcès sous-pé-
riostique s'arrêterait aussi sur la même limite. Il n'y a que l'opération du raclage qui puisse produire un pareil résultat. Il est
d'ailleurs difficile de savoir si la perte de substance a été obtenue

directement par le raclage successif des couches osseuses, ou indirectement, par un raclage limité au périoste, et suivi de l'exfoliation des couches superficielles de l'os.

Ce fait remarquable ne peut recevoir aucune autre interprétation. Il prouve que l'on se bornait quelquefois à pratiquer une trépanation incomplète, et il devient dès lors assez probable que les abrasions observées sur les trois autres crânes de Baye, de l'Homme-Mort et de Roknia ont été également produites par le même procédé.

Lorsque j'ai discuté et interprété ces faits devant la Société d'anthropologie, je ne connaissais pas encore le curieux *Traité de l'épilepsie*, de Taxil. Aujourd'hui je puis emprunter à cet auteur un argument précieux. On a vu que Taxil recommande de traiter l'épilepsie tantôt en enlevant par le raclage (*en rappant*) toute la table externe de l'os, tantôt en dépassant cette table et « en profondant jusques à la dure-mère » (voy. plus haut, p. 58). Les opérateurs empiriques du moyen âge, dont le livre attardé de Taxil reflète les pratiques grossières, faisaient donc précisément ce qu'avaient fait, un grand nombre de siècles avant eux, les opérateurs néolithiques, avec cette différence toutefois que pour ceux-là la trépanation incomplète était la règle, et la trépanation complète l'exception, tandis que pour ceux-ci c'était au contraire la trépanation complète qui était la règle, l'autre n'étant que l'exception.

Quel était le but de la trépanation incomplète ? Pourquoi la perte de substance pratiquée sur le crâne était-elle tantôt pénétrante, tantôt non pénétrante ? N'est-ce pas parce que ces deux opérations s'adressaient à des maladies différentes ? Cela n'est pas impossible sans doute, et cela paraît même probable au premier abord, car si la trépanation complète était destinée à ouvrir passage à un esprit, il est clair que la trépanation incomplète ne pouvait remplir cette indication. Malgré cet argument pressant, j'incline à croire que les deux opérations n'étaient que deux formes d'une même thérapeutique, et qu'elles s'appliquaient aux mêmes cas. A côté des croyants qui admettaient sans examen la doctrine de la possession, il pouvait y avoir des gens moins crédules, de la nature de ceux qu'on appelle aujourd'hui les esprits forts. Ceux-ci, sans pousser la critique jusqu'à oser mettre en doute l'efficacité curative de la trépanation, pouvaient ne pas être convaincus de ses propriétés mystiques et attribuer la prétendue guérison des trépanés à une cause naturelle, à l'action matérielle exercée sur le crâne. Dès lors, était-il bien nécessaire de racler toutes les couches jusqu'à la dure-mère, et le raclage des couches superficielles ne produirait-il pas sur le crâne une action suffisante? Qu'un opérateur néolithique ait fait ce raisonnement, qu'il ait trouvé avantageux de substituer à la trépanation complète une opération moins grave, que celle-ci lui ait paru tout aussi efficace que l'autre, qu'enfin il ait réussi à faire accepter ses idées par quelques personnes et à trouver quelques imitateurs, — il n'y a rien là que de très-admissible. Et ce fut peut-être ainsi que l'on commença à préparer la décadence de la pratique mystique de la trépanation chirurgicale, et de la trépanation posthume qui s'y rattachait si étroitement.

§ 9. DE LA CROYANCE A UNE AUTRE VIE.

J'ai signalé à dessein, dans la partie historique de ce travail (voir plus haut, p. 4), les figures de femmes sculptées dans les parois des antigrottes qui conduisaient dans les grottes sépulcrales artificielles de Baye. Ces figures, dont le type est assez uniforme, ne peuvent représenter que des divinités ; la place qu'elles occupent à l'entrée des sépultures nous permet de penser qu'elles étaient là pour protéger les morts, et si l'on éprouvait le besoin de placer les morts sous cette protection, c'était probablement parce que l'on croyait qu'ils étaient appelés à une autre vie.

Cette conclusion toutefois est loin d'être rigoureuse, car la divinité de l'antigrotte aurait pu n'avoir d'autre fonction que d'assurer le repos des morts ; et en tous cas la découverte de M. de Baye laissait sans réponse la question de savoir de quelle nature était cette autre vie, et si le mort y conservait son individualité.

Aujourd'hui, l'étude des trépanations préhistoriques nous apporte une solution plus décisive.

Parmi les rondelles ou amulettes crâniennes de l'époque néolithique, nous en connaissons trois qui ont été trouvées dans l'intérieur de crânes largement ouverts par des trépanations posthumes. Ces trois faits importants ont été découverts par M. Prunières. Dans les trois cas, la rondelle intra-crânienne provient incontestablement d'un crâne étranger, car elle diffère du crâne où elle a été introduite, aussi bien par son épaisseur que par sa couleur et par le degré de densité de son tissu.

La première de ces trois pièces est la célèbre rondelle de Lyon (fig. 1 et 2, p. 2). Le crâne où elle se trouvait présentait dans la région pariétale droite une large ouverture artificielle et il était entièrement rempli de terre. En le déblayant, M. Prunières amena la rondelle ; il reconnut qu'elle était formée d'un fragment du pariétal d'un autre individu ; car elle était d'un blanc jaunâtre, tandis que le crâne était noirâtre ; et elle était très épaisse, tandis que le crâne était assez mince. Comment avait-elle pénétré dans ce crâne? Elle pouvait y avoir été amenée naturellement par la poussée des terres ; il pouvait se faire encore qu'en remaniant le sol du dolmen pour une inhumation nouvelle, on l'eût refoulée sans le savoir, de manière à la faire pénétrer, avec une certaine quantité de terre, dans un ancien crâne oublié. « Enfin, ajoutait M. Prunières, ne peut-on pas encore se demander si elle n'aurait pas été introduite intentionnellement par l'homme (1)? »

Ainsi s'exprimait M. Prunières dans une note datée du 18 février 1874. Mais quelques jours après, en déblayant de nouveaux crânes néolithiques, qu'il conservait depuis plusieurs années et qui étaient encore pleins de terre, il découvrit deux autres amulettes intra-crâniennes de forme irrégulière, qu'il m'expédia aussitôt avec une nouvelle lettre, et que je pus présenter à la Société d'anthropologie en même temps que sa première note (2). Cette fois le doute n'était plus possible. Il n'y avait plus à invoquer les causes fortuites, et un fait qui s'était reproduit jusqu'à trois fois dans des conditions à peu près identiques ne pouvait être attribué qu'à un acte intentionnel.

Dans les trois cas, les crânes dans l'intérieur desquels se trouvaient les amulettes crâniennes avaient été soumis à la trépanation posthume. Après avoir produit sur l'une de leurs faces latérales d'immenses pertes de substance, on n'avait pas cru devoir les inhumer dans cet état, et, à travers la vaste ouverture que

____

(1) *Bull. de la Soc. d'anthropologie*, 5 mars 1874, p. 186.

(2) *Loc. cit.*, p. 191-192. Il y a dans la rédaction de cette présentation une confusion et une inexactitude. C'est la première rondelle et non pas la seconde qui se trouvait sur l'intérieur du crâne présenté à la Société ; en outre, cette rondelle (qui est figurée ci-dessus, p. 44, fig. 18) présente un bord cicatrisé qui n'est pas mentionné dans la rédaction. J'avais pris l'indication de ces pièces dans la seconde lettre de M. Prunières, lequel ne connaissait pas encore la trépanation chirurgicale.

l'on venait de pratiquer, on avait introduit dans la cavité crânienne une amulette provenant du crâne d'un autre individu.

Le fait le plus intéressant et le plus complet est celui qui concerne le crâne représenté plus haut (p. 40, fig. 17) et l'amulette

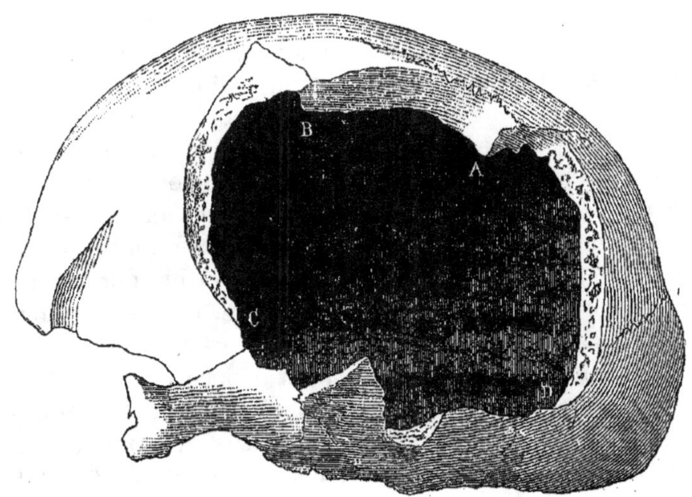

Fig. 26. Crâne provenant de l'un des dolmens appelés *Cibournios* ou *Tombeaux des Pou-
lacrès*. Donné par M. Prunières au musée de l'Institut anthropologique. Demi-nat.
AB, bord cicatrisé (trép. chirurg.); BC, AD, bords sciés ou coupés après la mort
(trép. posthume).

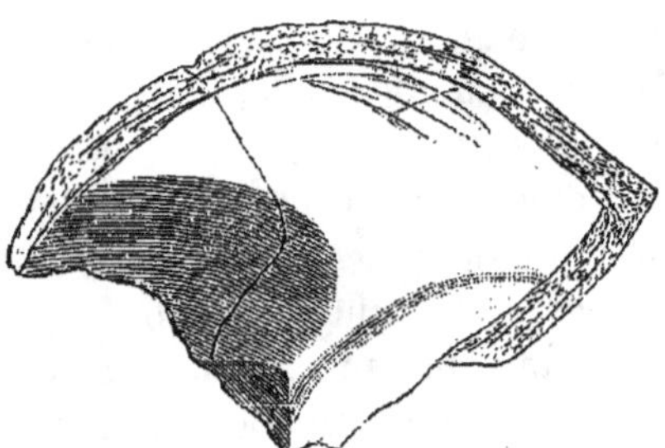

Fig. 27. Amulette à demi régulière, trouvée à l'extérieur d'un crâne perforé des *Cibournios* ou *Tombeaux des Poulacres*. Le bord gauche est falciforme et cicatrisé. Le bord
supérieur a été arrondi et façonné avec soin, comme la circonférence des amulettes
régulières. L'angle de droite et une partie du bord qui y aboutit sont cassés.

représentée figure 22. J'ai déjà décrit ces deux pièces, mais il est
utile de les réunir ici, car elles nous donnent en abrégé toute
l'histoire des trépanations préhistoriques. Le crâne figure 26 est
celui d'un individu âgé de plus de cinquante ans, soumis dans son

enfance à la *trépanation chirurgicale*. Le bord falciforme et cicatrisé que l'on y aperçoit en AB en fait foi. La perte de substance
chirurgicale a été faite sur la partie supérieure du pariétal gauche,
elle a atteint la suture sagittale sans la dépasser. Il en est résulté
que cette suture a été déviée de 12 millimètres vers la gauche,
et cela prouve que l'opération a été faite *dans le jeune âge* (voir
plus haut, p. 28, fig. 11) ; en outre, la déviation est deux fois
moindre du côté de la table interne que du côté de la table externe, et cela prouve que l'opération a été faite *par le procédé du
raclage* (voir plus haut, p. 35, en note). Nous trouvons donc déjà
sur cette pièce la démonstration de tous les faits essentiels de
la trépanation chirurgicale. Le bord cicatrisé AB ne forme que la
partie moyenne du bord d'une très-grande ouverture qui occupe
presque toute la face latérale gauche du crâne. Le reste de l'ouverture est limité par des sections fraîches attestant que le crâne
a été soumis à la *trépanation posthume* et dépecé en amulettes.
C'est dans l'intérieur de ce crâne, déjà si remarquable par les caractères précédents, qu'a été introduite après la trépanation posthume, par une cérémonie de restitution, l'amulette représentée
sur la figure 27. C'est bien une amulette, car on y aperçoit un
bord falciforme et cicatrisé ; et le reste de son pourtour a été travaillé, façonné avec le plus grand soin, comme celui des rondelles régulières. Enfin, *cette amulette crânienne ne provient pas
du crâne où elle a été introduite ;* elle est moins épaisse que la
paroi de ce crâne, d'un tissu plus spongieux et plus léger, et
d'une couleur toute différente, car elle est d'un blanc jaunâtre,
tandis que le crâne est d'une couleur noirâtre. Grâce à la généro-
sité de M. Prunières, ces deux pièces d'un prix inestimable sont
déposées dans le musée de l'Institut anthropologique.

Les amulettes intra-crâniennes se rattachent aux mêmes types
que les amulettes ordinaires ; on n'en connaît jusqu'ici que trois,
et elles présentent les trois variétés que nous connaissions déjà.
La rondelle de Lyon (fig. 1) est une belle rondelle régulière ; la
seconde (fig. 27) est travaillée comme les rondelles régulières,
mais on y voit cependant un bord falciforme. La troisième, enfin
(fig. 18), est une amulette irrégulière, cicatrisée sur un de ses
bords, coupée et non retouchée sur les deux autres. Toute amulette crânienne pouvait donc servir à la cérémonie de restitution
qui suivait la trépanation posthume ; mais on remarquera que
deux fois sur trois on avait choisi des rondelles régulières, qui

étaient très-rares et très-précieuses ; c'est la preuve de l'importance qu'on attachait à cette cérémonie.

Quel était le but des amulettes intra-crâniennes ? N'étaient-elles qu'un symbole, qu'une représentation en petit de la grande portion de crâne enlevée par la trépanation posthume ? C'est peu probable, car un fragment crânien quelconque aurait pu servir à cet usage ; on n'aurait pas fait pour si peu le sacrifice d'une précieuse amulette. L'amulette intra-crânienne était certainement plus que cela. C'était un viatique, un talisman que le défunt emportait avec lui dans une autre vie, pour lui porter bonheur, et le préserver de l'influence des mauvais esprits qui avaient tourmenté son enfance. Mais quand même on admettrait la première hypothèse, il en résulterait toujours qu'une nouvelle existence attendait le mort, car sans cela la cérémonie de la restitution eût été absolument sans motif.

L'étude des trépanations préhistoriques et des cérémonies qui s'y rattachaient prouve donc sans réplique que les hommes de l'époque néolithique croyaient à une autre vie, *dans laquelle les morts conservaient leur individualité*. C'est, je pense, l'époque la plus reculée à laquelle on puisse, jusqu'ici, faire remonter cette croyance.

§ 10. LES TEMPS ET LES LIEUX.

La pratique des trépanations préhistoriques a été usitée pendant toute la durée de l'époque néolithique. Nous la trouvons déjà dans la caverne de l'Homme-Mort (Lozère), qui date des premiers temps de la pierre polie ; nous la retrouvons dans les grottes sépulcrales de Baye, qui datent très-probablement des derniers temps de la même époque, et aussi dans certains dolmens de la Lozère, où la présence de quelques rares objets en bronze et de quelques grains de verroterie nous annonce que l'âge de la pierre polie est sur le point de finir.

Les stations néolithiques où l'on a recueilli des crânes trépanés sont répandues dans une grande partie de la France. Les plus septentrionales sont jusqu'ici les grottes artificielles du département de la Marne, explorées par M. de Baye ; la plus méridionale est la grotte naturelle de Sordes (départ. des Basses-Pyrénées), explorée par MM. Louis Lartet et Chaplain. Les stations extrêmes du Sud-Est sont celles du département de la Lozère, où M. Prunières a fait toutes ses découvertes. D'autres faits analogues ont été étudiés par MM. Gassies et Chauvet, dans la Charente, par M. Babert de Juillé sur un crâne déposé dans le musée de Niort et provenant du grand dolmen de Bougon (Deux-Sèvres), enfin par M. Chouquet dans deux sépultures des environs de Moret (Seine-et-Oise). La trépanation préhistorique n'était donc pas une pratique locale propre à une seule tribu, elle occupait une aire très-étendue, chez des peuples qui sans doute étaient nombreux et distincts, mais qui certainement étaient liés entre eux par d'étroites relations sociales et religieuses et par une civilisation commune. D'où venait cette pratique singulière? Si l'on en jugeait d'après la fréquence des faits, on serait disposé à croire qu'elle était née dans la région qui forme aujourd'hui le département de la Lozère ; c'est là, en effet, qu'a été recueillie la très-grande majorité des pièces qui s'y rapportent. Mais ce résultat ne dépend peut-être que de l'infatigable activité et de la rare habileté de M. Prunières, dont l'œil sagace ne laisse échapper aucun détail. Il ne s'est pas écoulé trois ans depuis que la première discussion de la Société d'anthropologie de Paris a attiré sur ce sujet l'attention des préhistoriens français ; c'est depuis lors seulement qu'on a étudié à ce point de vue les autres stations néolithiques, et les faits déjà nombreux qu'on y a recueillis en si peu de temps ne tarderont probablement pas à se multiplier. Il est non moins probable que des faits semblables se montreront bientôt en dehors de l'aire géographique que j'ai indiquée. Je ne suis pas de ceux qui attribuent à un peuple unique tous les monuments mégalithiques et toute la civilisation néolithique ; mais il me paraît incontestable que cette civilisation s'est répandue le plus souvent par voie de migration ; et la détermination des lieux où s'est étendue la pratique des trépanations pourra jeter beaucoup de jour sur la direction de ces migrations.

Si les trépanations incomplètes étaient aussi bien connues, aussi bien démontrées que les trépanations complètes, si, en d'autres termes, leur témoignage était aussi décisif, le crâne de Roknia, que j'ai cité plus haut (p. 61), nous conduirait à penser que la thérapeutique chirurgicale de l'époque néolithique avait été importée dans l'Afrique septentrionale par les constructeurs des dolmens de cette région ; peut-être y verrait-on l'origine de ces trépanations, qui sont en usage depuis une époque reculée chez les Kabyles, et dont M. le baron Larrey a entretenu l'Académie de médecine de Paris. Mais un fait encore unique jusqu'ici ne suffit pas pour établir une pareille conclusion.

J'ai dit que la trépanation chirurgicale et la trépanation posthume ont été usitées en France pendant toute la durée de l'époque néolithique. Existaient-elles auparavant? ont-elles été conservées plus tard? C'est ce qu'il faut maintenant examiner.

L'un de nos crânes perforés (voy. plus haut, p. 52, fig. 24) a été découvert par M. Gassies, directeur du musée archéologique de Bordeaux, sous l'abri d'Entreroches, près d'Angoulême (Charente). N'ayant trouvé dans la fouille qu'il y a pratiquée que des éclats de silex non polis, M. Gassies considère cette station comme paléolithique ; mais trois autres fouilles faites sous le même abri par M. Chauvet, membre très-compétent de la Société archéologique de la Charente, ont fourni de nombreux fragments de poterie à boutons latéraux, des os d'animaux appartenant tous à des espèces actuelles, et enfin, ce qui est décisif, la moitié d'une hache polie en pierre verte, située au-dessous d'un squelette humain en place (1). Le sépulture est donc incontestablement néolithique, et rien ne nous autorise à faire remonter la pratique des trépanations jusqu'à l'époque de la pierre taillée.

D'un autre côté, M. Chouquet, de Moret (Seine-et-Marne), a exploré, dans la commune d'Ecuelles, une sépulture très-ancienne où, sous une couche de pierres peu volumineuses, se trouvaient à la fois des ossements calcinés et des ossements non calcinés. A l'exception de deux dents de bœuf, tous ces ossements étaient humains. Il n'y avait ni cendres ni charbons. Parmi les os calcinés, les uns étaient dispersés dans le sol, les autres étaient réunis en groupes dans de toutes petites *cellas* formées de petites pierres plates. Quant aux os non calcinés, ils étaient tous dispersés sans aucun ordre. On avait donc fait dans ce lieu, soit à la même époque, soit à des époques successives, des sépultures sans crémation et des sépultures avec crémation. Ces dernières nous reporteraient à l'âge du bronze, mais les fouilles n'ont produit que des silex et des fragments de poterie de l'époque néolithique, sans le moindre objet en métal. J'ajoute que deux crânes non calcinés, qui ont pu être reconstitués, présentent le type ordinaire de ceux que l'on trouve dans les dolmens du nord de la

(1) *Bull. de la Soc. d'anthr.*, janvier 1877. Lettre de M. Chauvet.

France. Un tibia très-platycnémique, un fémur à pilastre, se rattachent encore à notre race néolithique. La sépulture est donc néolithique pour une part, et elle l'était sans doute exclusivement dans l'origine ; mais à un certain moment on y a admis la pratique de la crémation, soit qu'on eût déjà renoncé à l'autre, ou qu'une partie de la population restât encore fidèle à l'ancienne coutume. Cette contemporanéité des deux modes de sépulture ne serait nullement surprenante, car on en connaît déjà d'autres exemples.

Or, parmi les nombreux fragments crâniens recueillis par M. Chouquet et présentés à la Société d'anthropologie dans la séance du 18 mai 1876, j'en ai trouvé deux qui se rattachent manifestement à la pratique des trépanations préhistoriques. L'un est un épais fragment de pariétal, présentant le bord falciforme et cicatrisé d'une trépanation *chirurgicale ;* ce premier fragment n'est qu'incomplétement carbonisé. Le second, beaucoup plus carbonisé, car il est tout à fait noir, provient d'un pariétal plus mince, et on y aperçoit une échancrure marginale très-nettement coupée, taillée à pic, dont le contour arrondi contraste avec les anfractuosités et les saillies informes que des cassures fortuites, provoquées ou favorisées par l'action du feu, ont laissées sur le reste de la circonférence du fragment. Cette échancrure est donc artificielle ; elle est due à une section *posthume,* car elle ne présente aucune trace de réparation. Il existe enfin, sur un troisième fragment, non moins carbonisé que le second, une échancrure qui paraît de même nature que la précédente et qui a été considérée comme telle par M. de Mortillet, mais qui peut cependant donner lieu à quelque hésitation, parce que l'action du feu a tant soit peu endommagé le bord de la section. Cela, d'ailleurs, a peu d'importance, puisque les deux premières pièces suffisent parfaitement pour établir la contemporanéité de la crémation et de la double pratique de la trépanation (1).

S'il était démontré que l'usage de la crémation n'ait jamais et nulle part précédé l'introduction du bronze, il faudrait conclure des faits de M. Chouquet que les deux trépanations ont été usitées encore pendant les premiers temps de l'époque du bronze. N'oublions pas cependant qu'il n'y avait aucun objet métallique dans la sépulture, et que tous les autres cas jusqu'ici connus de

____

(1) *Bull. de la Soc. d'anthr.,* 18 mai 1876, 2e série, t. XI, p. 276-285.

trépanation préhistorique se rapportent à l'époque néolithique.
L'adoption d'un nouveau mode de sépulture implique presque
nécessairement un changement notable dans les idées religieuses.
Mais il est parfaitement admissible qu'un peuple ne se conver-
tisse pas tout à coup et en entier aux nouvelles croyances, et qu'il
conserve pendant quelque temps encore ses anciennes superstitions. La pratique des trépanations a donc pu, en certains lieux,
survivre tant soit peu à l'époque néolithique, sans que l'on soit
autorisé pour cela à la rapporter à l'époque du bronze, et tout
permet de croire qu'elle s'est éteinte en même temps que la civilisation néolithique.

§ 11. LES CRANES PERFORÉS DE L'AMÉRIQUE SEPTENTRIONALE.

Pendant que la question des trépanations préhistoriques se dé-
roulait devant la Société d'anthropologie de Paris et devant la
section d'anthropologie de l'Association française, des perforations crâniennes d'une nature toute différente se présentaient, en
Nord-Amérique, à l'observation de M. Gillman, de Détroit (Michigan), et donnaient lieu à une note publiée par cet auteur dans
le numéro d'août 1875 de *the American Naturalist* (1).

Les crânes perforés du Michigan proviennent de l'ancienne
population de ce pays et ont été trouvés dans le *Grand-Mound* de
la Rivière-Rouge, dans un autre *Mound*, près de la Rivière-
Sable, non loin du lac Huron, et enfin dans une ancienne sépulture indienne, près de Saginaw. *L'ouverture est bien circulaire,
évasée et faite évidemment par un instrument tournant* ; sa largeur varie de 10 à 15 millimètres ; elle est incontestablement
posthume. Enfin, elle est invariablement située sur la suture sagittale, au sommet du crâne et vers le bregma (voy. fig. 28).

Ces crânes ne sont pas très-rares ; on en a trouvé de dix à quinze
dans le Mound de la Rivière-Sable ; sur huit crânes extraits du
Grand-Mound de la Rivière-Rouge, deux présentaient la perforation du vertex.

M. Gillman reconnaît que ces perforations n'ont aucun rapport
avec les trépanations préhistoriques d'Europe. Il rappelle, d'après
le professeur Mason, que les Dyaks, chasseurs de têtes de Bornéo,

---

(1) On trouvera la traduction de cette note dans les *Bulletins de la Société
d'anthropologie*, 1876, p. 435, séance du 3 août.

ont, au centre de leur village, une maison spéciale où les têtes
conquises sont suspendues au moyen d'une corde passée à travers une perforation faite sur le sommet du crâne. Il est donc
possible que les perforations du Michigan fussent faites dans le
même but.

Mais il est possible aussi qu'elles soient en rapport avec une
superstition des Peaux-Rouges actuels, signalée par M. Gillman.
Les Peaux-Rouges n'ont pas seulement une âme, ils en ont deux.

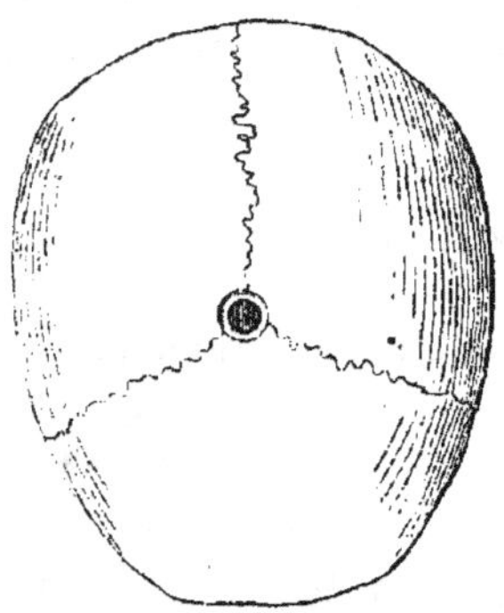

Fig. 28. La perforation du Michigan, d'après un dessin de M. Gillman.
La perforation est située au niveau du bregma.

L'une d'elles séjourne constamment dans les territoires du grand
Manitou, tandis que l'autre revient visiter le corps dans la sépulture, et, pour faciliter cette visite, on ménage toujours une ouverture dans l'opercule de bois ou d'écorce qui recouvre le tombeau. La perforation du crâne ne serait-elle pas destinée à rendre
plus facile encore la visite de l'âme? M. Gillman, qui suggère
cette explication ingénieuse, hésite cependant à l'admettre, parce
que la pratique de la perforation posthume est assez rare, tandis
qu'elle serait constante, ou au moins fréquente, si elle était en
rapport avec la croyance à la visite de la seconde âme (1).

Cette dernière remarque n'est pas sans réplique. Il n'est nullement impossible que quelques individus plus croyants que les
autres ou, si l'on veut, plus logiques dans leurs superstitions,
eussent eu l'idée d'ajouter à la fenêtre du tombeau la fenêtre du
crâne, afin de rendre plus faciles et plus complètes les visites de
l'âme, sans que cette pratique complémentaire fût jugée néces-

(1) *The American Naturalist*, aug. 1875, p. 473 et sq.

saire par le plus grand nombre. L'objection que M. Gillman s'est faite à lui-même ne me paraît donc pas concluante, et je considère la conjecture qu'il a émise comme très-digne d'attention.

Si des observations ultérieures venaient la confirmer, les faits du Michigan resteraient encore entièrement différents des nôtres ; mais ils témoigneraient cependant d'une certaine analogie dans la manière de concevoir la nature des substances spirituelles. La conception des esprits tout à fait immatériels n'apparaît que tardivement dans l'évolution des croyances humaines. Il y a toujours une longue période où l'on se représente les esprits et les âmes comme des êtres plus subtils que les corps visibles et tangibles, mais encore assujettis, cependant, dans une certaine mesure, aux conditions matérielles. On s'imagine, par exemple, qu'ils peuvent passer à travers un trou ou une fissure, mais qu'une paroi bien close les arrêtera ; on se les figure rôdant autour d'une habitation ou d'un tombeau jusqu'à ce qu'ils aient trouvé une ouverture d'entrée, — ou encore se débattant dans une prison jusqu'à ce qu'ils aient trouvé une issue. C'est cette conception de la nature des esprits qui paraît avoir été le motif de nos trépanations préhistoriques ; c'est elle qui a conduit les Peaux-Rouges à ménager une fenêtre dans le couvercle de leurs tombeaux, et peut-être aussi à pratiquer, quelquefois, une seconde fenêtre dans le crâne, ce qui pourrait indiquer une certaine analogie de croyances ; mais tout ce qu'on en pourrait conclure, c'est que les constructeurs des *mounds* du Michigan et nos ancêtres néolithiques étaient parvenus les uns et les autres à cette période de demi-spiritualisme qui se retrouve dans l'histoire de la plupart des peuples, et il n'en résulterait pas la plus petite probabilité d'une filiation quelconque entre les perforations du Michigan et nos trépanations préhistoriques.